Bibliografische Information der Deutschen Nationalbibliothek:

Die Deutsche Bibliothek verzeichnet diese Publikation in der Deutschen National-
bibliografie; detaillierte bibliografische Daten sind im Internet über http://dnb.d-
nb.de/ abrufbar.

Impressum:

Copyright © 2017 GRIN Verlag, Open Publishing GmbH
Druck und Bindung: Books on Demand GmbH, Norderstedt Germany
ISBN: 9783668454712

Dieses Buch bei GRIN:

http://www.grin.com/de/e-book/367664/finina-tank-zur-numerischen-analyse-einer-
laborfinne

Michael Dienst

Finina Tank. Zur numerischen Analyse einer Laborfinne

GRIN Verlag

Finina Tank

Zur numerischen Analyse einer Laborfinne

Mi. Dienst, Berlin 2017

INTRO

Simulationssoftware nimmt in den naturwissenschaftlichen und ingenieur-wissenschaftlichen Berufsfeldern einen zunehmend größeren Anteil ein: organisatorisch, zeitlich und hinsichtlich der Kosten. In maschinenbaubetonten Produktentwicklungsmethoden werden bereits in der frühen Phase Wirkprinzipien und Funktionsmodelle nachgefragt; sie geben erste Auskünfte über Form und Art, Abmessungen, Anordnung und Anzahl der Gestaltungselemente eines frühen Entwurfs und bilden die Entscheidungsgrundlagen für die weitere Entwicklung. An Bedeutung gewinnen auch gegenständliche Modelle, die mit Rapid Prototyping-Verfahren (RP) direkt aus CAD-Datenbeständen generiert werden können. Experimentieren mit gegenständlichen Modellen umfasst das ganze Spektrum sehr einfacher Tests bis hin zu aufwändigen Erprobungen mit Prototypen und Vorläuferprodukten. Aus den Geometriedatenbeständen ableitbare Beanspruchungsmodelle dienen der Klärung des Bauteilverhaltens bei äußerer Beanspruchung, Verformungs- und Funktionsmodelle zur Analyse des Bauteilverhaltens hinsichtlich Festigkeit, Kinematik, Dynamik, und gegebenenfalls thermischen Verhaltens.

Die BIONIC RESEARCH UNIT[1] der Beuth Hochschule für Technik Berlin ist seit Ihrer Gründung im Jahre 2004 in zahlreichen Forschungsprojekten auf dem Gebiet anwendungsorientierten Fluidmechanik erfolgreich. Gemeinsam mit industriellen Forschungspartnern haben wir in der Vergangenheit strömungsadaptive Leit- und Steuertragflächen für Seefahrzeuge nach dem Vorbild der belebten Natur entwickelt. Im Rückblick auf mehr als zehn Jahre intensiver Bionikforschung kristallisiert sich eindeutig ein Themenschwerpunkt heraus: Die Vorhaben der BIONIC RESEARCH UNIT behandeln Fragen zur „Intelligenten Mechanik" in Natur und Technik. Allen genannten Projekten ist als übergeordnetes Ziel die Klärung des Beaufschlagungs-Verformungsgebarens intelligenter Kinematiken in der Biologie und die Fluid-Struktur-Wechselwirkung strömungsbeaufschlagter technischer Systeme gemein.

FININA

Die rezente Forschung der BIONIC RESEARCH UNIT behandelt die Untersuchung strömungsmechanischer Phänomene von flexiblen, belastungsadaptiven Tauch- und Schwimmkörperstrukturen mit analytischen, experimentellen und numerischen Methoden mit dem Ziel, Regeln für Konzepte, Entwürfe und Konstruktionen innovativer Leit- und Steuertragflächen, insbesondere Surfboardfinnen zu erarbeiten.

Mit dem Vorhaben **FININA-Tank**[2] (Fin in a Tank) entwickeln wir einen virtuellen Strömungskanal mit der Absicht, durch numerische Verfahren, standardisierte technische Volltaucher in einem möglichst einfachen Modellansatz zu beschreiben, qualitativ und quantitativ auszuwerten und diese Berechnungsergebnisse mit anderen an Finnenforschung Befassten zu diskutieren. Das mittelfristige Ziel des Vorhabens ist die Beschreibung, Modellierung und Simulation der Fluid- Struktur-Wechselwirkung spezieller standardisierter Modellkörper unter Strömungslast und beim Manövrieren in voll getauchtem Zustand. Das Forschungsvorhaben FININA ist insofern einzigartig, da computerbasierte

---

[1] Die BIONIC RESEATCH UNIT ist eine forschungs-bezogene Fachgruppe für Bionik an der Beuth Hochschule für Technik zu Berlin. http://projekt.beuth-hochschule.de/bru/

[2] **Vorhaben seit 2016 der** BIONIC RESEATCH UNIT: **FININA-Tank** (sprich: Fin in a Tank).

Analyse- und Berechnungssysteme, welche das gleichzeitige Generieren sowie das Adaptieren einer Strömungswirklichkeit von Surfboardfinnen simulieren derzeit nicht Stand der Technik sind. Der hier entwickelte virtuelle Strömungskanal ist eine methodische und simulationstechnische Innovation, die interdisziplinär und fachgebietsübergreifend Lösungen sowohl für die wissenschaftliche System-analyse als auch für die Entwicklung und Gestaltung zukünftiger maritimer Technik anbietet.

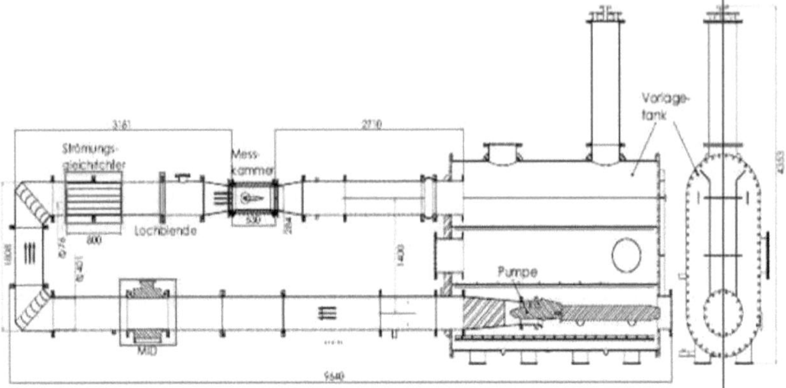

Abb.1: Ringkanal mit Vorlagetank, Gleichrichter und Messkammer am Fachgebiet für Fluid-Systemdynamik der TU-Berlin. Entnommen: Voß, TU Berlin 2016[3].

Der Simulationsraum ist eine Referenz zu einer existierenden Messstrecke, dem DN400-Messstand des Fachgebiets für Fluid-Systemdynamik der TU-Berlin. Dieser reale Messstand besteht aus einem großen Vorlagebehälter, einer unteren Zuführungsstrecke, zwei Krümmern und einer Beruhigungs-einheit direkt hinter der zweifachen Umlenkung. Bis auf die Düsen im direkten Vor- und Nachlauf der Messkammer sind alle Zu- und Ableitungen aus DN400-Rohrsegmenten aufgebaut. Die im unteren Teil des Vorlagebehälters horizontal eingebaute Unterwassermotorpumpe liefert einen maximalen Volumenstrom von 1600 m3/h bei einer Förderhöhe von 4,6 m und kann mittels eines Frequen-zumwandlers direkt angesteuert werden. Der Vorlagebehälter ist durch Trennbleche in zwei horizontale Sektionen unterteilt, um eine Kurzschlussströmung zwischen Zulauf und Pumpensaug-mund zu verhindern. Druckseitig schließt sich an die Pumpe eine Drallblecheinheit an. Die Rohrkrümmer sind mit jeweils fünf Umlenkschaufeln bestückt. Neben den Umlenkschaufeln und der Dralleinheit wurden im Zulauf der Messkammer ein Rohrbündelgleichrichter, als auch ein Lochplattenumformer zur Strömungsvergleichmäßigung integriert. Das Gesamtfassungsvolumen der Anlage beträgt mit Vorlage und vollgefüllten Zu- und Ableitungen ca. 8,5 m^3.

CFD

In den Naturwissenschaften und in der Technik sind es fluidmechanische Fragestellungen, die sowohl einen hohen strukturellen Aufwand (Windkanäle, Strömungsmessstrecken), ausgefeilte numerische Methoden (Strömungs-simulation, Computational Fluid Dynamics, CFD) als auch eine sehr hohe theoretische Sachverständigkeit aller Beteiligten fordern. Die numerische Strömungsmechanik ist eine Schlüsselkompetenz in der Ingenieurausbildung. Der Einsatz professioneller CFD-Software trägt

---

[3] M. Voss, (2015) Experimentelle und numerische Untersuchung flexibler Tragflügelprofile. Dissertation, Technische Universität Berlin 2015.

diesem Anspruch Rechnung. Gerade in den frühen Semestern scheint jedoch das von den Studierenden als „gesichertes Wissen Anerkannte" und das durch die abrufbare „gefühlte Lösungsautorität der Computerprogramme Vermutete" auf unterschiedlichen Kontinenten zu liegen.

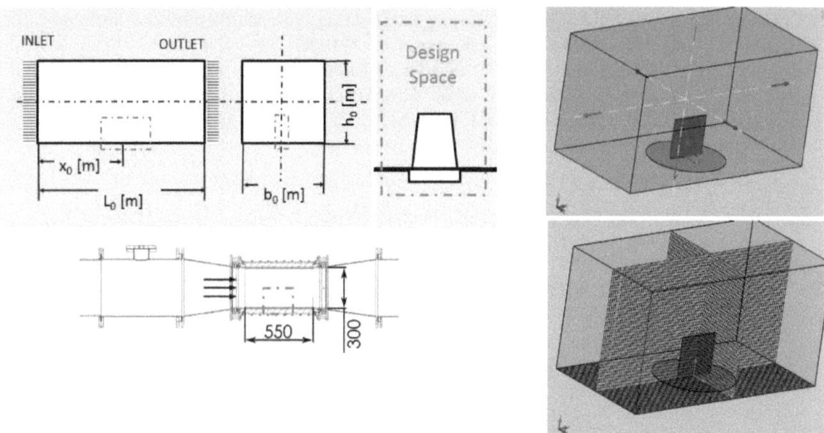

In der Forschung an Hochschulen und in der Industrie und in der Lehre ist kommerzielle Simulationssoftware im Einsatz. Die ersten kommerziellen CFD-Programmsysteme zur numerischen Strömungssimulation waren in den 80er Jahren des vergangenen Jahrhunderts mit PHOENICS (1981), Fluent (1983), Flow-3D (1985) verfügbar. Der Begriff CFD umfasst das Aufstellen und Lösen gekoppelter Differentialgleichungen und Randbedingungen mittels algebraischer Gleichungssysteme, die Numerik und Näherungsverfahren, die statt exakter Lösungen von Differentialgleichungen Approximationen liefern, auch die vorbereitenden Arbeiten am Rechner und die Aufbereitung und Auswertung der Ergebnisse. Die Wahl des Strömungsmodells und die Deklaration der Randbedingungen des strömungsmechanischen Problems sind die wichtigsten Festlegungen zu Beginn jeder Simulation. (Preprocessing) das Einlesen der Geometrie, die Erzeugung des Rechennetzes, die Definition der Fluideigenschaften oder die Festlegung der Anfangs- und Randbedingungen. Das eigentliche Lösen der partiellen Differentialgleichungen mit einem numerischen Verfahren ist der Kern jeder Simulation. Wichtige Kriterien zur Auswahl des passenden Näherungsverfahrens sind etwa die Genauigkeit, die Stabilität, die Flexibilität oder die notwendige Anzahl an Iterationen. Nach erfolgreichem Simulationslauf wird das berechnete Ergebnis in Textform oder graphisch ausgegeben. Zur besseren Darstellung der zahlreichen Daten werden die Feldgrößen in verschiedene Diagrammtypen aufbereitet wiedergegeben (Postprocessing) Abschließend ist zu überprüfen, ob und wie genau die Rechenergebnisse mit evtl. experimentellen Messungen, mit Werten aus der Literatur oder Lösungen anderer numerischen Methoden übereinstimmen.

Für die Erforschung der Strömungswirklichkeit von Surfboardfinnen und im weiteren Sinn von fluidisch beaufschlagten Leit- und Steuertragflächen von Seefahrzeugen, sollen experimentelle, analytische Methoden und Simulationsprogramme vom Stand der Wissenschaft und Technik zum Einsatz kommen. Gegenstand der ersten Untersuchungen sind synthetische Surfboardfinnen, so genannte LAB Fins die als artifizielle standardisierte Laborfinnen (LABFin) unzweideutig gestaltet und extrem einfach herzustellen sind. Laborfinnen nach dem LABFin-Standard werden im Laufe der Untersuchung als materielle Technik- und Technologie –Demonstatoren und als Computermodelle vorliegen. Bei der formulierung eines validierbaren Strömungsraumes werde ich mich an der Geometrie eines realen Messkanals am Standort des Instituts für Fluidsystemdynamik der Technischen Universität Berlin orientieren, an dem ein Mitglied der BIONIC RESEARCH UNIT (M. Voß) eine Forschungskampagne zu belastungsadaptiven Tragflügelsystemen durchführte. Die meisten kommerziellen Computerprogramme zur Strömungssimulation verwenden so genannte Reynolds-gemittelte Navier-Stokes-Gleichungen. Derartige CFD-Solver benötigen längere Rechenzeiten zur Simulation und Berechnuing einer Strömungswirklichkeit einer Surfboardfinne. Wir sprechen von Stunden und Tagen. Auf der anderen Seite der Skala stehen Potentialtheoretische Verfahren. Hier verkürzen sich die Berechnungszeiten um den Faktor 1000. Der vorliegende Aufsatz wird die wesentlichen Unterschiede zwischen CFD und Potentialtheoretischen Verfahren ansprechen ohne jedoch auf die Grundaussage der klassischen Strömungsmechanik einzugehen. Hier sei auf die einschlägige Literatur[4] verwiesen [Tham-08] [Lech-14] [Scha-13] [Oert-11].

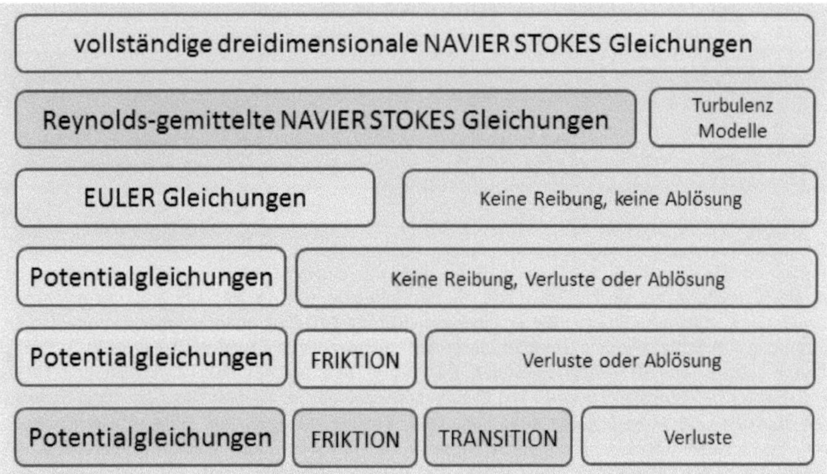

Strömungen können auf unterschiedliche Weise beschrieben werden. Die EULER-Formulierung geht von einem raumfesten Koordinatensystem aus. Werden dagegen materielle Partikel des strömenden Mediums verfolgt, so spricht man von der sogenannten materialbezogenen oder LAGRANGE-Formulierung. Allen CFD Programmen gemein ist, dass sie die Erhaltungsgleichungen der Strömungsmechanik numerisch zu lösen versuchen. Die Unterschiede bestehen in der Abstraktion der Grundgleichungen und den Berechnungsmethoden. Die Navier-Stokes Gleichungen sind die allgemeinste Form der Bewegungsgleichung für viskose Fluide und beschreiben nach heutigem Wissensstand alle realen Flüssigkeitsphänomene. Sowohl die Berechnung von Grenzschichten, Verwirbelungen und Turbulenzen als auch der Umgang mit instationären und kompressiblen Strömungen wird ermöglicht.
Die vollständigen Navier-Stokes Gleichungen umfassen die Erhaltungssätze von Masse, Impuls und Energie. Zur Bestimmung der 17 Unbekannten werden zu den fünf Grundgleichungen noch die thermischen und kalorischen Zustandsgleichungen sowie die Stokes'schen Beziehungen für Newtonsche Fluide hinzugezogen [Lecheler 2008, S. 23 ff]. Die Lösung des strömungstechnischen

---

[4] Siekmann, H.E., Thamsen, P. U. (2008) Strömungslehre Grundlagen, Springer Verlag Berlin Heidelberg. Lecheler, S. (2014)Numerische Strömungsberechnung Springer Verlag Berlin Heidelberg.
Schade, H. (2013) Strömungslehre. De Gruyter Verlag.
Oertel jr., H., Böhle, M., Reviol, Th. (2011) Strömungsmechanik, Grundlagen. Springer Verlag Berlin Heidelberg.

Problems erfordert die Integration der Differentialgleichungen. Durch Vorgabe von Randbedingungen werden die Integrationskonstanten und damit die gesuchten Variablen eindeutig bestimmt. Bei der Untersuchung der Fuid-Struktur Wechselwirkung beweglicher, strömungsadaptiver Bauteile in einem Fluid müssen stark verformte Bereiche oder bewegliche Grenzen in der jeweiligen Formulierung abgebildet werden. Für eine gemeinsame Beschreibung der Bewegungen eines Mediums kann daher eine übergeordnete, willkürliche (engl. arbitrary) Beschreibung aus raum- und materialbezogener Formulierung, die sogenannte Arbitrary Lagrangian-Eulerian-Formulierung (ALE) erfolgen. Angewandt gebietsweise auf κ und mit dem NABLA-Operator[5] kann für die Erhaltung von Masse, Impuls und Energie geschrieben werden:

$$
\begin{array}{lll}
\text{Masse:} & d\rho/dt & = (\delta\rho/\delta t)_\kappa + v \cdot \nabla\rho \\
\text{Impuls:} & \rho(dv/dt) & = \rho((\delta v/\delta t)_\kappa + (v \cdot \nabla)v) \\
\text{Energie:} & \rho(dE/dt) & = \rho((\delta E/\delta t)_\kappa + v \cdot \nabla E)
\end{array}
$$

Die Massen-Gleichung reduziert sich auf die Divergenzfreiheit des Geschwindigkeitsfeldes und die Energie-Gleichung wird zur Bestimmung der Druck- und Geschwindigkeitsverteilung erst gar nicht benötigt. Auf einer abstrakten Ebene liefert die (dimensionslose) Navier-Stokes-Gleichung Aussagen über Transportvorgänge in einer Strömungs-Wechselwirklichkeit:

Lokale Beschleunigung +	konvektive Beschleunigung	=	Druck +	Reibung
$(\delta v/\delta t)_\kappa$ +	$(v \cdot \nabla)\, v$	=	$-\nabla p$ +	$\Delta v \cdot Re^{-1}$

Die vereinfachte Betrachtung der reibungsfreien Umströmung ist als EULER-Gleichung[6] bekannt:

Lokale Beschleunigung +	konvektive Beschleunigung	=	Druck
$\rho\, (\, (\delta v/\delta t)_\kappa$ +	$(v \cdot \nabla)\, v\,)$	=	$-\nabla p$

Die EULER-Gleichung für eine eindimensionale Strömung u(s): $(\delta u/\delta t) + u\,(\delta u/\delta s) = -\,1/\rho\,(dp/ds)$
Die BERNOULLI-Gl. für reibungsfreie stationäre Strömung : $u^2/2 + p/\rho = const.$

Die Berechnung von nichtlinearen partiellen Differentialgleichungen ist stets mit einem immensen Rechenaufwand verbunden, da bereits kleine Turbulenzen die Lösung beeinflussen (gerade bei großen Reynolds-Zahlen) und aufgelöst werden müssen, was ein sehr feines Rechennetz bedingt. Aufgrund der aufwendigen Berechnungen selbst für einfache Geometrien mit niedrigen Reynolds-Zahlen und begrenzter Anzahl an Gitterpunkten, wurden vereinfachte Modelle und Methoden entwickelt, die die rechnerische Lösung der vollständigen instationären Navier-Stokes Gleichungen dennoch gut approximieren. Die Navier-Stokes-Gleichungen gelten für (fast) alle Strömungen. Um das gegebene Strömungsproblem lösen zu können, sind neben der Geometrie auch fluidmechanische Randbedingungen notwendig. Nur durch die Wahl physikalisch richtiger Randbedingungen stellt sich auch eine Strömung ein. Grundsätzlich fragen wir zuerst: Was strömt in das Strömungsgebiet ein, was strömt heraus. Welcher Art ist die Strömung an den Wandungen des Modells. Wir unterscheiden die Randbedingungen nach physikalischen Randbedingungen, pRB und numerischen Randbedingungen, nRB. Hierin sind: pRB, alle vorgegebenen Größen am

---

[5]Der Nabla Operator ∇ angewandt auf ein Skalarfeld f: $\text{grad } f = \nabla f = \delta f/\delta x + \delta f/\delta y + \delta f/\delta z$
Der Nabla Operator ∇ angewandt auf ein Vektorfeld V: $\text{div } V = \nabla \cdot V = \delta V_x/\delta x + \delta V_y/\delta y + \delta V_z/\delta z$
[6] Die EULER-Gleichung für eine eindimensionale Strömung u(s) lautet: $(\delta u/\delta t) + u\,(\delta u/\delta s) = -\,1/\rho\,(dp/ds)$

(Berechnungs-) Rand und nRB, alle berechenbaren Größen am (Berechnungs-) Rand. Die Anzahl der zu lösenden Erhaltungs-gleichungen muss der Summe aller physikalischen Randbedingungen Σ pRB und aller numerischen Σ nRB entsprechen. Im dreidimensionalen Fall sind das also $S_{3D} = \Sigma$ nRB + Σ pRB = 5. Die eine numerische Randbedingung (innen) am Einströmrand EIN wird vom Simulationsprogramm berechnet, die vier äußeren physikalischen Randbedingungen pRB müssen vorgegeben werden; z.B. den Totaldruck p_t, die Totaltemperatur T_t die Zuströmrichtung in der xz-Ebene (bzw. das Verhältnis der Zuströmgeschwindigkeit w/u) und die Zuströmung in der xy-Ebene (bzw. das Verhältnis der Zuströmgeschwindigkeit v/u) die wir in unserem virtuellen Finnen-Strömungskanal als den Anströmwinkel F benennen werden. In anderen Anwendungen sind Randbedingungen, wie beispielsweise der Massenstrom $\underline{m}$ anzugeben. Am Abströmrand AUS wird lediglich eine physikalische Randbedingung gefordert, in der Regel ein statischer Druck p=const. oder eine statische Druckverteilung p=f(y,z); die vier numerischen Randbedingungen werden vom Simulationsprogramm berechnet. Am Festkörperrand des Strömungsraumes müssen vier physikalische Ranbedingungen angegeben werden - drei Geschwindigkeitskomponenten und die Wandtemperatur, bzw. deren Gradient falls dieser bekannt ist - und eine Randbedingung nRB wird vom Programm berechnet. Bei reibungsbehafteten Strömungen gilt (die so genannte Haftbedingung) dass die Geschwindig-keitskomponenten an der Wand verschwinden: u=v=w=0.

Turbulenzmodelle. Die oben angesprochenen vollständigen, dreidimensionalen Navier-Stokes-Gleichungen können durchaus numerisch gelöst werden. Jedoch ist für eine allgemeine turbulente Strömung, bei der auch kleinste Turbulenzen aufgelöst werden (sollen), der Berechnungsaufwand erheblich, weil hier die zu deklarierenden Volumenelemente sehr klein sind. In der Berechnungspraxis haben sich deshalb CFD-Programme etabliert, die Reynolds-gemittelte Navier-Stokes-Gleichungen lösen. Die Berechnungsungeauigkeiten können somit auf ein erträgliches Maß eingesteuert werden. Bei Reynolds-gemittelten Navier-Stokes-Gleichungen werden die kleinen Turbulenzenm durch Turbulenzmodelle ersetzt mit dem Vorteil, dass das Berechnungsnetz die kleinen turbulenten Schwankungen nicht mehr auflösen muss. Die tatsächlichen Strömungsgrößen ρ, u, v, w, e werden durch ihre Mittelwerte $\underline{\rho}$, $\underline{u}$, $\underline{v}$, $\underline{w}$, $\underline{e}$ und ihrer Schwankungsgröße $\Delta\rho$, Δu, Δv, Δw, Δe ersetzt, also u=$\underline{u}$+Δu, w=$\underline{w}$+Δw, usw. In der Literatur wird die explizite Schreibweise (etwa w=$\underline{w}$+Δw) oftmals vernachlässigt, die Reynolds-Mittelung unterstellt so dass die Navier-Stokes-Gleichungen die gleiche Erscheinung bilden, wie der vollständige Ansatz. Mit der Reynolds-Mittelung wir natürlich die Güte der gesamten Simulation vom Turbulenzmodell abhängig. Wenn beispielsweise die Umschlagpunkte von der laminaren in die turbulente Strömung (Transition) oder der Ablösepunkt der turbulenten Strömung an einer Körperwand (Separation) interessieren, sind entsprechend fein auflösende Turbulenzmodelle zu wählen. An dieser Stelle soll nur sehr allgemein auf die Unterschiede und die (wechsel-) wirksame Physik hinter den Modellen eingegangen werden. Neben den rein laminaren Modellen die bei höheren Reynold Zahlen die Strömungswirklichkeit nicht abbilden finden verschiedene Wirbelviskositätsmodelle Anwendung.

Laminar-Modell	nur bei kleinen Reynold-Zahlen anwendbares Strömungsmodell.
Null-Gleichungs-Modell:	Die Wirbelviskosität wird durch ein algebraisches Modell angenähert (z.B. das Baldwin-Lomax-Modell).
Ein-Gleichungs-Modell:	Der Transport der der turbulenten kinetischen Energie wird mit einer DGL berücksichtigt (z.B. Spalart-Allmaras-Modell).
Zwei-Gleichungs-Modell:	Die Wirbelviskosität wird wird mit zwei DGL berücksichtigt (z.B. k-ε-Modell, k-ω-Modell oder das Shaer-Stress-Modell, SST).
Reynolds-Spannungs-Modell:	Die Komponenten des Reynold-Spannungstensors werden berechnet; damit ist die Richtungsabhängigkeit der Turbulenz beschreibbar.
Nichtmittelnde Modell:	Die Navier-Stokes-Gleichungen werden vollständig gelöst. Hier werden die Verfahren unterschieden: LES (Large Eddy Simulation), DES (Detached Eddy Simulation und DNS (Direct Numerical Simulation).

Das Baldwin-Lomax-Modell verwendet keine Transportgleichungen, sondern nur ein algebraisches Ersatzmodell. Bei abgelösten Strömungen arbeitet dieses Verfahren ungenau. Das k-ε-Modell war lange Zeit Industriestandard. Hier werden zwei Transportgleichungen für die turbulente kinetische Energie k und die turbulente Dissipation ε. Auch hier wird die Ablösung an der Körperwand nachlässig – im Sinne von zu spät und eher „optimistisch" - behandelt. Beim k-ω-Modell ist in dieser Hinsicht die abgebildete Strömungswirklichkeit näher an der physikalischen Realität. Neben der turbulenten Dissipation ε wird in diesem Zwei-Gleichungs-Modell die turbulente Frequenz ω verwendet, die schon bei nicht allzu feiner Gitterdiskretisierung in Wandnähe gute Ergebnisse liefert. Aus den Erfahrungen in der Berechnungspraxis wurde das SST-Modell entwickelt. Es kombiniert das robuste k-ε-Modell mit den guten Eigenschaften des k-ω-Modells. Das Shaer-Stress-Modell (SST) liefert gute Berechnungsergebnisse hinsichtlich Transition und Separation in der Grenzschicht.

POTENTIALLÖSER

Die durch einen Potentiallöser erstellte Strömungswirklichkeit kann in ausgesuchten Fällen mit hoher Wahrscheinlichkeit an das reale Strömungsphänomen hinreichen. In der Potentialtheorie werden, unter Berücksichtigung spezieller Randbedingungen, geschlossene (Potential-) Gleichungen aufgestellt und gelöst. Eingebettet in moderne Programmumgebungen können potential-theoretische Berechnungen sehr schnell sein. Wir betrachten in diesem Aufsatz nur ebene Strömungsfelder. Wegen der Linearität der Gleichungen gilt für Potentialströmungen das Superpositionsprinzip, das die Darstellung und Berechnung komplexer Lösungen aus der Über-lagerung von einfachen Strömungen für die Elementarlösungen erlaubt. Für Potentialströmungen ist die Zirkulation immer dann Null, wenn keine Festkörper oder Singularitäten eingeschlossen werden. Mit der Zirkulation lassen sich Wirbelstärke und Auftriebskräfte berechnen. Als Potential werden hierbei Skalarfunktionen verstanden, deren partielle Ableitung eine Größe mit physikalischer Bedeutung angibt. Potentiallinien kennen wir als Höhenlinien in einer Landkarte oder als Isobaren auf einer Wetterkarte. Ist eine Strömung wirbelfrei, so folgen aus dem Gradienten der Feldfunktion die Geschwindigkeits-komponenten der Strömung. Bei wirbelfreien Strömungen sind die Vektorkomponenten nicht mehr unabhängig voneinander sondern über das Potential verbunden. Nach dem Satz von Kutta-Joukowsky kann die auftriebsbehaftete Umströmung eines Profils als Kombination aus Parallel- und Zirkulationsströmung betrachtet werden, wenn die (Kutta`sche) Abfluss-bedingung erfüllt ist. Diese fordert ein glattes Abströmen des Fluids an der Hinterkante.

Die Programmsysteme JAVAFOIL, EPPLER und XFOIL[7] sind robuste, einfache Codes zur zwei-dimensionalen Strömungsberechnung nach der Potentialtheorie und arbeiten mit einigen Einschränkungen. In dieser Untersuchung arbeite ich mit dem System JAVAFOIL. Die Betrachtung des Strömungsgeschehens in der Grenzschicht ist bei einem Potentiallöser in aller Regel direktional; das bedeutet, dass die Grenzschichtanalyse keine Rückmeldung an die potentialtheoretische Strömungslösung enthält und keine (zur Konvergenz führenden) Iterationsschleifen durchlaufen werden. Die Direktionalität schränkt natürlich die Aussagekraft der berechneten Strömungs-wirklichkeit des Potentiallösers über die reale Strömung ein. Für das wandnahe Strömungsgeschehen

---

[7] Das frei verfügbare Programm *JavaFoil* ist in der Programmiersprache Java geschrieben. The potential flow analysis is done with a higher order *panel method* (linear varying vorticity distribution). Taking a set of airfoil coordinates, it calculates the local, inviscid flow velocity along the surface of the airfoil for any desired angle of attack. http://www.mh-aerotools.de/airfoils/javafoil.htm

The Eppler program PROFIL from *Public Domain Computer Programs for the Aeronautical Engineer* containing the original source code, the source code converted to modern Fortran, and several test cases, references for the Eppler program and a revision of Eppler models that includes a correction for compressibility in: http://www.pdas.com/epplerdownload.html

XFOIL wurde in den 1980er Jahren von Mark Drela als Entwicklungstool im Daedalus-Projekt beim Massachusetts Institute of Technology programmiert.

XFOIL ist ein interaktives Programm zum Entwurf und zur Berechnung von Tragflächenprofilen im Unterschallbereich.

berechnet JAVAFOIL keine laminaren Trennblasen und modelliert keine Strömungstrennung in derartigen Strömungsgebieten. Immer dann, wenn solche Effekte auftreten, werden die Berechnungsergebnisse ungenau.

Eine Auftrennung der Strömung, wie sie bei Stall auftritt, wird nur bis zu einem gewissen Grad durch empirische modellierte Korrekturen beschrieben. Strömungstrennung und Stall speziell sind dreidimensionale Strömungsgeschehen und auch schnittweise durch einen zweidimensionalen Strömungslöser nicht darstellbar. Für Strömungszustände, die jenseits des Stallpunktes liegen, liefert der (zweidimensionale) Potentiallöser ungenaue Ergebnisse. Eine genauere Analyse der Grenzschichtströmung würde ein anspruchsvolleres Verfahren zur Lösung der Navier-Stokes-Gleichungen erfordern; dies ist (im Falle einer CFD-Rechnung) mit einer Steigerung der CPU-Zeit um den Faktor 1000 verbunden.

Im Potentiallöser JAVAFOIL ist eine klassische Panel-Methode implementiert, um das lineare Potential-Flow-Feld zu bestimmen. Wie bei den meisten Panel-Methoden erhöht sich die Lösungszeit für das lineare Gleichungssystem mit dem Quadrat der Anzahl der Unbekannten. Daher ist es ratsam, die Anzahl der Punkte auf Werte zwischen 50 und 150 zu begrenzen. Diese relativ kleine Zahl liefert bereits ausreichend Genauigkeit der Ergebnisse. Für die Simulation der wandnahen (Grenz-schicht-) Strömung wird eine Grenzschichtintegration nach Eppler durchgeführt. Solche ganzheitlichen Methoden basieren auf Differentialgleichungen, die das Wachstum der Grenzschicht-parameter in Abhängigkeit von der lokalen Strömungsgeschwindigkeit ermitteln. Während genaue analytische Formulierungen für laminare Grenzschichten vorhanden sind, ist für den turbulenten Teil eine empirische Korrelationen erforderlich. Methoden zur Vorhersage des Übergangs von laminar zu turbulenter Strömung wurden seit den frühen Tagen der Prandtl'schen Grenzschichttheorie von vielen Autoren entwickelt. Grundsätzlich ist es möglich, die Stabilität einer Grenzschicht numerisch zu analysieren. Dennoch sind alle praktischen und schnellen Methoden mehr oder weniger auf empirische Beziehungen angewiesen, die meist aus Experimenten abgeleitet sind. Die lokalen Parameter an einem Punkt P auf der Kontur des Profils sind das Ergebnis einer Integration (der Strömungsgrößen um P) und enthalten und verarbeiten damit Informationen über die Geschichte der Strömung. Die Wirkung der Rauigkeit auf den Übergang von der laminaren in die tubulente Strömung ist komplex und kann mit einem Potentiallöser nicht genau simuliert werden. Auch moderne direkte numerische Simulationsmethoden haben Schwierigkeiten den Effekt zu simulieren. JAVAFOIL besitzt einen Friktionsansatz mit dem zwei Effekte der Oberflächenrauigkeit modelliert werden: (1) Die laminare Strömung wird auf einer rauen Oberfläche destabilisiert, was zu einem vorzeitigen Übergang führt und (2) laminare als auch turbulente Strömung erzeugen auf rauen Oberflächen einen höheren Reibungswiderstand. Aus dem Vergleich mit Lösungen aus Experimenten am Strömungskanal kann dem Potentiallöser mit dem Ansatz reibungsfreier Strömung und dem Kriterium der Rotationsfreiheit in ausgesuchten Fällen eine zufriedenstellende Voraussage-wahrscheinlichkeit attestiert werden. Rotorfreie Potentialströmungen sind Wirbelströmungen. Unter der Drehung einer Strömung kann man sich die Rotation der einzelnen Fluidteilchen um die eigene Achse vorstellen.

Die Wirbelstärke $\underline{\omega}$ ist definiert als: $\underline{\omega} = \frac{1}{2}$ rot v . Die Komponenten der vekt. Wirbelstärke $\underline{\omega}$:

$$\underline{\omega}_x = \tfrac{1}{2} \left((\delta v/\delta y) - (\delta v/\delta z) \right) \quad \text{und} \quad \underline{\omega}_y = \tfrac{1}{2} \left((\delta v/\delta z) - (\delta v/\delta x) \right) \quad \text{und} \quad \underline{\omega}_z = \tfrac{1}{2} \left((\delta v/\delta x) - (\delta v/\delta y) \right)$$

Bei Potentialströmungen Ist die Strömung rotorfrei; es gilt also: $\underline{\omega} = \frac{1}{2}$ rot v = 0.

$$0 = \left((\delta v/\delta y) - (\delta v/\delta z) \right) \quad \text{und} \quad 0 = \left((\delta v/\delta z) - (\delta v/\delta x) \right) \quad \text{und} \quad 0 = \left((\delta v/\delta x) - (\delta v/\delta y) \right)$$

Eine weitere wichtige Größe als Maß für die Drehung der Strömung über eine Fläche A ist die Zirkulation. Definiert ist Zirkulation Γ als Linienintegral der Geschwindigkeit über eine beliebig geschlossene Kurve L im Strömungsfeld. Ob und im welchem Ausmaß sich Wirbel auf einem Gebiet A befinden, kann demnach über die Zirkulation bestimmt werden. Mit Hilfe des Stokes'schen Integralsatzes lässt sich der Zusammenhang von Drehung und Zirkulation beschreiben. Für Potentialströmungen ist die Zirkulation immer Null, wenn keine Festkörper oder Singularitäten mit eingeschlossen wurden. Über die Zirkulation lassen sich, Wirbelstärke und Auftriebskräfte berechnen. In der Potentialtheorie werden Strömungsfelder mittels Stromlinien dargestellt. Wenn Kontinuität herrscht ($0=\delta u/\delta x + \delta v/\delta y$) und das ist natürlich hier der Fall, ist die Stromlinie eine sehr anschauliche Metapher für die Strömungswirklichkeit um einen Körper in der Art, dass sie die Tangenten der vektoriellen Hauptströmungsrichtung graphisch darstellt. In stationären Strömungen repräsentieren die Stromlinien die Teilchenbahnen. Ausgenommen an Staupunkten, an denen sich mehrere Stromlinien treffen können, schneiden sich Stromlinien nicht, da an einem Punkt nicht gleichzeitig zwei Geschwindigkeiten herrschen können. Stromlinien sind also quasi fiktive Konstrukte und dennoch kommen sie uns alltäglich vor. Wie selbstverständlich rauschen auf der abendlichen Wetterkarte Geschwindigkeits-Pfeile auf Stromlinien über Isobaren und Temperaturfelder. Das Auge hat bereits verstanden, was Strömungen und Potentiale zu bedeuten haben.

Stromlinien sollen also mit einem Pärchen aus zwei sehr nützlichen Funktionen, einerseits der Stromfunktion Ψ und einer ihr mathematisch sehr verwandten Potentialfunktion Φ beschrieben werden. Der auf den ersten Blick vielleicht umständlich erscheinende Ansatz über die Stromfunktion und eine auf dieser orthonormal abbildbaren Potentialfunktion, bringt tatsächlich Klarheit in die Argumentation. Erinnern wir uns noch einmal an die Strömungsgrößen ρ, u, v, w so werden die Stromlinien (in der ebenen Betrachtungsweise: x,y) durch genau diese Stromfunktion **Ψ = konst** beschrieben. Für die Geschwindigkeitskomponenten u und v schreiben wir:

In x-Richtung: **$u = \delta\Psi/\delta y$** sowie: $u\,\delta y = \delta\Psi$ und   in y-Richtung: **$v = -\,\delta\Psi/\delta x$** sowie: $v\,\delta y = -\delta\Psi$

Dieser Ansatz ist sehr leistungsfähig und erfüllt die oben angeführten Erhaltungssätze. Wir setzen die Stromfunktion ($u=\delta\Psi/\delta y$) jetzt in die Kontinuitätsgleichung $0=\delta u/\delta x + \delta v/\delta y$ ein:

$$0 = \delta u/\delta x + \delta v/\delta y \;=\; \delta^2\Psi/\delta x\delta y - \delta^2\Psi/\delta x\delta y \;= 0$$

Wir hatten Rotorfreiheit gefordert, also: $0 = \delta v/\delta x - \delta u/\delta y$ und als eine Definition der Potentialströmung behandelt. Auch hier ersetzen wir die Geschwindigkeitskomponenten in der Beziehung in x-Richtung ($u = \delta\Psi/\delta y$) sowie in y-Richtung ($v = -\,\delta\Psi/\delta x$) und erhalten die als **Laplace-Gleichung** bekannte Form:

$$\delta^2\Psi/\delta x^2 - \delta^2\Psi/\delta y^2 \;=\; 0 \;=\; \Delta\Psi$$

Die Änderung der Stromfunktion ist Null, die Stromfunktion selbst ist konstant. In unserem Definitionsfall zumindest[8]. Potentiale sind Skalarfunktionen, deren Ableitung nach einer Koordinate eine physikalische Größe angibt (wir erinnern uns an die Wetterkarte oben im Text). Ist eine Strömung wirbelfrei, so ergeben sich die Geschwindigkeitskomponenten der Strömung aus dem Gradienten der Feldfunktion. Die Potentialfunktion $\Phi = \Phi(x, y)$ zeigt demnach das Geschwindigkeitspotential des Vektorfeldes an, falls für die Geschwindigkeit $\underline{v}$ gilt: $\underline{v} = \text{grad}\Phi$. Die

---

[8] Ist die Änderung der Stromfunktion ungleich Null, also ($\delta^2\Psi/\delta x^2 - \delta^2\Psi/\delta y^2$) = D(x,y,t) eine orts- und zeitabhängige Funktion („Diffusionsterm D(x,yt)"), erhalten wir eine als „POISSON-Gleichung" bekannte Form.

Potentialfunktion fragt nach der Veränderlichkeit (gradient) der Geschwindigkeit der (Strömungs-) Elemente in einem Strömungsfeld.

Für das Potential Φ gilt also: grad Φ = {u, v} = { $(\delta\Phi/\delta x)$, $(\delta\Phi/\delta y)$ }

Potentialfunktion Φ und Stromfunktion Ψ stehen senkrecht auf einander. Dieser Zusammenhang zwischen den Ableitungen der Potentialfunktion Φ und jener der Stromfunktion Ψ wird durch eine als **Cauchy-Riemann-Differentialgleichung** bekannte Form beschrieben.

$$\delta\Phi/\delta x = \delta\Psi/\delta y \quad \text{und} \quad \delta\Phi/\delta y = -\delta\Psi/\delta x$$

Potentialfunktion Φ und Stromfunktion Ψ bilden ein orthogonales Kurvennetz: grad Φ grad Ψ = 0.

$$\delta\Phi^2/\delta x^2 + \delta\Phi^2/\delta y^2 = 0 = \Delta\Phi$$

Auch die Änderung der Potentialfunktion ist Null und die Potentialfunktion selbst ist damit konstant. Die Potentialtheorie ist unbequem, nicht beliebt aber elementar. Die gesamte geschlossen-analytische, die klassische Strömungsmechanik ist mit der Potentialtheorie herleitbar. Alle Wirbelmodelle, die (Wirbel-) Sätze von Thomson und Helmholtz und auch der so überaus nützliche (Wirbel-) Satz von Biot und Savart basieren auf der speziellen Anwendung (Strömungsmechanik) einer allgemeinen Feldtheorie. Angewandt auf die Elektrotechnik ist der Satz von Biot und Savart beispielsweise das elektrodynamische Prinzip. Wir sollten nicht müde werden über die Universalität einer Feldtheorie zu grübeln. Eine Herleitung elementarer Potential-Strömungen findet man in den klassischen Lehrbüchern zum Thema. Sehr anschaulich und elementar werden Potential- und Stromfunktion entwickelt in Siegloch [Siegloch] der auch auf die Superponierbarkeit der Elementar-lösungen eingeht und die konforme Abbildung als Methode zur Analyse beliebiger Profilkonturen erörtert. Nützlich sind in diesem Zusammenhang die potentialtheoretischen Ursachen und Zusammenhänge mit der klassischen Wirbeltheorie in [Thamsen]. Kurz gehe ich ein auf eine äußerst elegante Schreibweise der Elementarlösungen der Potentialströmung. Zur Berechnung eines Geschwindigkeitspotentials wird die zweidimensionale Betrachtungsebene als komplexe Zahlen-ebene aufgefasst, in der der Wert des Potentials als Realteil einer Funktion F dargestellt wird:

$$F(z) = \Phi(x,y) + i\,\Psi(x,y) \quad \text{mit } z = x + i\,y$$

Die Funktion F ist das komplexe Geschwindigkeitspotential mit den Geschwindigkeiten u und v
$$u = \delta\Phi/\delta x \quad \text{und} \quad v = \delta\Phi/\delta y\,.$$

Die komplexe Geschwindigkeit w ist dann: $w = u - i\,v = dF/dz$.

Parallelströmung	$F(z) = w\,z$	mit $w = u - i\,v$. folgt $F(z) = z(u - i\,v)$
Quellen	$F(z) = (Q/2\pi)\ln(z)$	$u = Q\,x/(2\pi\,x^2 + y^2)$ und $v = Q\,y/(2\pi\,x^2 + y^2)$
Potentialwirbel	$F(z) = (\Gamma/2\pi)\,i\ln(z)$	$u = \Gamma\,x/(2\pi\,x^2 + y^2)$ und $v = \Gamma\,y/(2\pi\,x^2 + y^2)$
Dipol	$F(z) = m/z$	$u = m(x^2 + y^2/(x^2 + y^2)^2)$ und $v = -m(2xy/(x^2 + y^2)^2)$

Für die Anwendbarkeit der Potentialtheorie auf strömungsmechanische Aufgabenstellungen wurden Verfahren entwickelt, die spezielle Fragen nach Geschwindigkeitsverteilungen, lokalen Druckgradienten nahe dem Strömungskörper und den Strömungsgrößen im näheren Umfeld der Kontur beantworten. Eine ausentwickelte Methode ist das so genannte Panelverfahren, mit dem auch der in diesem Aufsatz beschriebene Potentiallöser arbeitet. Das Panelverfahren ist eine lineare Randelementmethode für Potentialströmungen und auf reibungs- und wirbelfreie Strömungen begrenzt. Wie andere numerische Diskretisierungsverfahren dient es der Analyse und Berechnung von Anfangs- und Randwertproblemen. Anders als bei Finite Volumen Verfahren etwa, liegt bei dieser linearen Randelementmethode eine sehr hilfreiche Vereinfachung in der Beschränkung der Diskretisierung auf die betrachtete Körperoberfläche. Es ist also nicht notwendig, den gesamten Strömungsraum mit Volumenelementen beschreiben (zu diskretisieren). Ähnlich der Singularitäten-methode (siehe Elementarlösungen, oben) wird beim Panelverfahren zunächst die Körperoberfläche in Panels mit Elementarströmungen zerlegt. Nun lassen sich die Oberflächenkräfte dadurch ermitteln, dass im Flächenmittelpunkt der einzelnen Panels die Potentialgleichungen gelöst werden. Jedes Panel trägt eine Verteilung an Potentialströmungen konstanter Stärke. Zwischen den Panels allerdings variiert die Stärke der Singularitäten. In einem nächsten Schritt wird die Quellstärke Q (Dipolmoment M für Dipolströmungen) in den einzelnen Flächenelementen über die Erfüllung einer linearen Randbedingung ermittelt derart, dass die Stromlinien die Profiloberfläche ersetzt und die Normalgeschwindigkeit verschwindet. Die Kontur wird also durch eine besondere Stromlinie repräsentiert. Auf dieser existiert nun lediglich die Tangentialgeschwindigkeit. Allerdings ist wegen der Reibungs- und Drehfreiheit die Stokes'sche Haftbedingung für die Randkontur nicht erfüllt und Widerstandskräfte und Schubspannungen können nicht (unmittelbar) aus den Ergebnissen der Potentialtheorie berechnet werden. In einem Potentiallöser, der mit generalisierten Koordinaten arbeitet werden diese Geschwindigkeiten auf die Geschwindigkeit V_∞ aus der (Rand-) Anfangsbedingung bezogen so dass die dimensionslose Geschwindigkeit v/V_∞ [9]über die Konturoberfläche dargestellt werden kann. Das Verfahren liefert uns ein lineares Gleichungssystem aus dem sich die Geschwindigkeiten und auch die Druckfelder für jeden Punkt im Strömungsfeld bestimmen lassen

Der Druckkoeffizient c_p[10] besitzt einen Gradienten über die Kontur $c_p(x)$ und wird mit der aus der klassischen Strömungsmechanik bekannten Form aus der lokalen, spezifischen Geschwindigkeit bestimmt. Hierbei wird die Bernoulli-Gleichung dazu benutzt, den Druck aus den Geschwindigkeitskomponenten zu ermitteln. Bernoulli $p_0 + \frac{1}{2}\, \rho_\infty\, V^2 = p + \frac{1}{2}\, \rho_\infty\, v(x)^2$ in [Pa]. Für inkompressible Strömungen ($\rho_= \rho_\infty$) liefert das den lokalen Druckkoeffizienten $c_p(x)=p(x)/p_0$ aus einer Beziehung über die Systemgeschwindigkeit $V=v_\infty$.

$$c_p(x) = 1 - (v(x)/v_\infty)^2$$

Potentialtheoretische Verfahren zeichnen sich durch einen geringeren Rechenaufwand für die Beschreibung strömungsphysikalischer Phänomene aus. Der Panel-Code ist sehr schnell und realisiert eine Software für den Lehrbetrieb und Laborausbildung, die die Studierenden einlädt und ermutigt, das experimentell Erfahrene und das theoretisch Erarbeitete in einer Computersimulation nachzustellen, oder selbst gestellte Aufgaben eigenverantwortlich und mit einer selbst gewählten Geschwindigkeit des Voranschreitens zu lösen. Potentiallöser sind gitterlose Berechnungs-verfahren. Unter der Voraussetzung reibungsfreier, inkompressibler Strömung lassen sich mit potentialtheoretischen Berechnungsverfahren unter bestimmten Voraussetzungen treffende Aus-sagen über Strömungs-größen nahe der Außenkontur (ausgesuchter) Strömungskörper machen. Mit dem Ansatz reibungsfreier Strömung können wichtige Erkenntnisse im Verhalten umströmter Körper gewonnen werden. Potentialströmungen fordern als zusätzliches Kriterium Rotationsfreiheit der Strömung (Wirbel hingegen sind drehungsbehaftete Strömungen). Aufgrund der sehr kurzen Berechnungszeiten von einigen Sekunden oder Minuten (Faktor 1/1000 gegenüber rezenten CFD-Programmen) werden Potentiallöser anstelle von gemittelten Navier-Stokes Lösern (RANSE). Von wissenschaftlicher Relevanz sind Berechnungsprogramme und Strömungslöser, die sich in projektspezifische Umgebungen einbetten lassen. Dazu existieren anwendungsfreundliche

---

[9] Systemgeschwindigkeit $V=v_\infty$.

[10] $c_p = 2\,(p(x) - p_0) / (\rho \cdot V^2)$ Normdruck $p_0 = 101\,325$ [Pa] $= 101,325$ [kPa] $= 1\,013,25$ [hPa] $= 1\,013,25$ [mbar], Normzustand bei $T= 273,15$ [°K] bzw. $T=0$ [°C] entsprechend DIN 1343.

Schnittstellen zu Berechnungsanwendungen (Matlab, SciLab, Maple). Wirtschaftlich und technologisch relevant sind Computerprogramme, die auch kundenspezifische Aufgaben lösen. Besondere Anforderungen an Hard- und Anwendungssoftware stellt die Simulation insbesondere dann, wenn schnelle Berechnungsergebnisse und Lösungen erforderlich sind. Strömungsdarstellungen in virtuellen Räumen, wie etwa einer CAVE[11] verlangen Berechnungen, die nahe an der Echtzeit rangieren. In Zukunft werden CAVE-Systeme nicht nur im Bereich der computerunterstützten Konstruktion (CAD) eingesetzt, um Entwicklern in einem dreidimensionalen Panoramasystem das spätere Aussehen von Bauteilen, Komponenten oder ganzen Maschinenanlagen zu vermitteln, sondern angestrebt werden Szenarien, in denen physikalische Wechselwirkungen, etwa simulierte Strömungen in Echtzeit manipuliert und dargestellt werden können. Rezente CFD-Pragramme lösen diese Aufgabe selbst dann nicht, wenn in einem ersten Hub auf exakte Berechnungen verzichtet werden darf.

LABFin

Die LAB-Fin-Standardisierung betrifft eine vollparametrisierte Laborfinne deren Gestalt mit geringen deklaratorischen Mitteln beschreiben werden kann. Die Laborfinne dient in der laufenden Forschungskampagne als Technik- und Technologiedemonstrator. Der LAB-Fin-Standardisierung liegt die Idee einer fludmechanisch wirksamen Leit- und Steuertragfläche für kleine Seefahrzeuge zu Grunde, die durch einfache geometrische Elemente beschrieben und durch lediglich vier Parameter eindeutig definiert ist. Als Surfboardfinne kann LAB-Fin skaliert und mit unterschiedlichen Profilkonturen ausgestattet werden. Für die Beschreibung von Konturen nach dem Stand der Technik wird auf Datenbanken

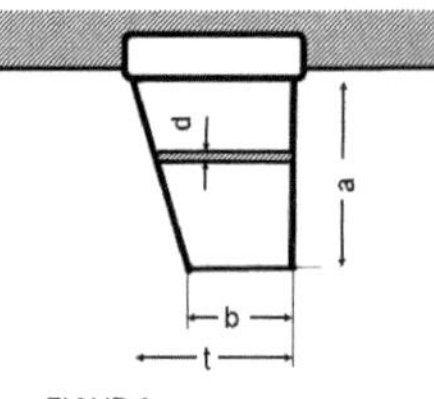
FIGUR 2

oder Profiltabellen zurückgegriffen (siehe hierzu auch: Abbot und Doenhoff[12], Eppler[13] und Gorrell[14]). Die Laborfinne LAB-Fin ist ein standardisierter Messkörper, der durch lediglich vier Parameter [P0] [P1] [P2] [P3] eindeutig definiert wird. Der Parameter P0 ist die Profiltiefe an der Flügelwurzel t [mm], der Parameter P1 ist die spezifische Profildicke d/t [%]. Der Parameter P2 ist die spezifische Profiltiefe am Tragflügelende (Flügel-Tip) b/t [%], der Parameter P3 ist die spezifische Tragflügellänge a/t [%] der Finne. Die Profilkontur und weitere Features der Finne, die das Strömungsteil spezifizieren können der Spezifikation nachgestellt werden, wie folgt:

LABFin[t,mm],[d/t,%],[a/t,%],[b/t,%],[Profil],[Feature 1],..,[Feature n]

Die Glattheit der Tragflügeloberfläche und die Tragflügelprofilkontur sollen in einer Grundkonfiguration als gegeben und gesetzt gelten, so dass sich die Spezifikation vereinfacht zu:
LABFin [P0] [P1] [P2] [P3].

LABFin ist einer systematischen simulationstechnischen Analyse und messtechnischen Validierung zugänglich. Die Analyse der mechanische Beanspruchung von Bauteilen und Baugruppen erfolgt mit klassischen Methoden der technischen Mechanik, wie etwa der Elastischen Theorie oder mit numerischen Verfahren, etwa der Finite Element Methode (FEM). Die Strömungswirklichkeit wird nach der Potentialtheorie grob ermittelt und in einem zweiten Hub mit Finite Volumen Verfahren

---

[11] Cave Automatic Virtual Environment, abgekürzt: CAVE;

[12] [Abbo-59]   Ira H. Abbott, Albert E. von Doenhoff: Theory of Wing Sections: Including a Summary of Airfoil Data. Dover Publications, New York 1959

[13] [Eppl-90]   Richard Eppler: Airfoil Design and Data. Springer, Berlin, New York 1990

[14] [Gorr-17]   Edgar Gorrell, S. Martin: Aerofoils and Aerofoil Structural Combinations. In: NACA Technical Report. Nr. 18, 1917.

realitätsnah analysiert (Computational Fluid Dynamics, CFD). Die standardisierte Finne ist außerdem einer Analyse der Fluid- Struktur- Wechselwirkung (Fluid Structure Interaction, FSI) zugänglich.

Eingabeparameter	absolute Abmessung		Parameter
Profiltiefe an der Flügelwurzel	t	[m]	P0
Profildicke	d	[m]	
Profiltiefe am Tragflügel-Tip	b	[m]	
Tragflügellänge	a	[m]	

Geometriebeschreibung	(relativ)		spezifische Abmessung	Parameter
Spezifische Profildicke	d/t	[%]		P1
Spezifische Profiltiefe (Flügel-Tip)	b/t	[%]		P2
Spezifische Tragflügellänge	a/t	[%]		P3
	λ	[-]	$=$	$2 \cdot a / (t+b)$
	β	[°]	$=$	$\arctan((t-b)/a)$

Aus der Definition der Laborfinnengeometrie ergibt sich ein Schlankheitsgrad λ (Aspect Ratio) des Tragflügels und den bugwärtigen Pfeilungswinkel β. Der Formwiderstand indizierter Widerstand und der Lift der Tragfläche sind über die Lateralfläche des Tragflügels determiniert, der Reibungswiderstand mit der benetzten Tragflügelfläche und der Druckwiderstand über die (in Fahrtrichtung) projezierte Tragflügelfläche:

laterale Tragflügelfläche	A	[m^2]	$=$	$(a \cdot t) - (a2 \tan \beta)/2$
benetzte Tragflügelfläche	A_b	[m^2]	$=$	$(2 \cdot a \cdot t) - (a2 \tan \beta)$
projezierte Anströmfläche	AS	[m^2]	$=$	$d \cdot a$

Für das Mittelschnittverfahren ist der Druckmittelpunkt $PS(x_s,y_s)$, aller angreifenden Kräfte von Bedeutung. Der Lagrange Koordinatenursprung mit (KoordinatenNull: x0=t0 , y0=a0) soll am bugwärtigen Fuß (Flügelwurzel) der Surfboardtragfläche gedacht, liegen.

Druckmittelpunkt $PS(x_s,y_s)$:	x_S	[m]	$=$	$(2t2 - 2bt -b2)/3(t+b)$
	y_S	[m]	$=$	$a(t + 2b)/ 3(t+b)$
Profilkontur (exemplarisch)			Standardprofil, z.B. NACA 0006; ELL0530, ELL0650	
Oberfläche			alsoFeature (exemplarisch, glatt, rau, ggf. NACA-Standard)	

Hersteller- PLUG	alsoFeature (exemplarisch, z.B.: *FUTURES*[15])

Die ELL-Standardisierung betrifft ein fluidmechanisch wirksames, lateralsymmetrisches Strömungsprofil, dessen Kontur durch das geometrischen Elemente Ellipse beschrieben und durch zwei Parameter [p1][p2] vollständig und eindeutig definiert ist, wie folgt: "ELL [p1][p2]". p1 sei die spezifische Profildicke d/t [%] und p2 die spezifische Dickenrücklage xd/t [%] des symmetrischen Profils. Die Kontur des symmetrischen Profils entsteht, indem eine bugseitige (Halb-) Ellipse und eine heckseitige (Halb-) Ellipse, ausgerichtet an deren jeweiligen kongruenten Konstruktionskreis angeordnet, eine gemeinsame Symmetrieachse besitzen. Das Strömungsprofil "ELL [p1][p2]" ist für Kraft- und Arbeitstragflächen geeignet. Ausprägungen und Varianten des fluidmechanisch wirksames Strömungsprofils können in Serien systematisiert und geordnet, skaliert und parametrisiert werden

---

[15] Finnenterminal (Hersteller: *FUTURES*)

PLUG- Länge	L= 115	[mm]
PLUG-Tiefe	T=18	[mm]
PLUG-Dicke	D = 7	[mm]

derart, dass es für unterschiedliche Anströmbedingungen fluidmechanisch wirksam und geeignet ist. Für alle Punkte P(x,y) die Element einer Ellipse sind, gilt die Ellipsengleichung $(x^2/a^2)+(y^2/d^2)= 1$. Für die bugwärtige Ellipse ist das a_H gegeben mit $a_B=xd/2$. Für die heckwärtige Ellipse ist a_H gegeben mit $a_H=(t-xd)/2$. Mit den Parametern p1, die spezifische Profildicke d/t [%] und p2, die spezifische (auf die Profiltiefe t bezogene) Dickenrücklage xd/t [%] des symmetrischen Profils ist die *"PROFILKONTUR [p1][p2]"* definiert.

Das „synthetische Finnensystem qFin" ist eine lateral und axial symmetrische Surfboardfinne mit elliptischer Profilkontur im LABFin Standard. Das CAD-Modell dieser Finne mit (mit Offset-Terminal) ist in der nebenstehenden Graphik dargestellt.

Ich war davon überzeugt: Niemand würde sich eine derartige Finne an das Surfboard stecken. Das das lateral- und axial-symmetrische Profil ELL0650, das mit einer Finne vom Stand der Technik lediglich die Profildicke gemein hat, ist vom analytischen Standpunkt her gesehen reine Fiktion. In der Regel von Herstellern angegeben werden Profilkonturen der vierstelligen NACA-Reihe mit einer Profildicke von 6[mm], also Profilkonturen des Typs NACA 0006. Diese sind gut untersucht, Auftriebs- und Widerstandskoeffizienten sind in Tabellen und Diagrammen abgelegt und liegen dieser Untersuchung vor. In der Anwendungspraxis dürften elliptische Profilkonturen, ähnlich wie ebene Plattenprofile im Boots- und Jollenbau, durchaus verbreitet sein. Im direkten Vergleich der NACA-Profilkontur NACA0006 mit dem der lateral- und axial-symmetrischen Profil ELL0650 schneidet letzteres sogar ein klein wenig besser ab. Das ist auf den ersten Blick erstaunlich. Das nebenstehende Diagramm fasst die Ergebnisse einer potential-theoretischen Untersuchung der Lift-Koeffizienten zusammen. Keinerlei positive Überraschungen allerdings sind seitens der Tragflächenkontur zu erwarten. Die synthetische „ Fin" übernimmt in dieser Untersuchung auch eher die Funktion eines Kalibriersystems für den virtuellen Messtank. Den CFD-Simulationen sollen nun zunächst die Berechnung einiger Strömungsgrößen mit dem Mittelschnittverfahren vorangestellt werden.

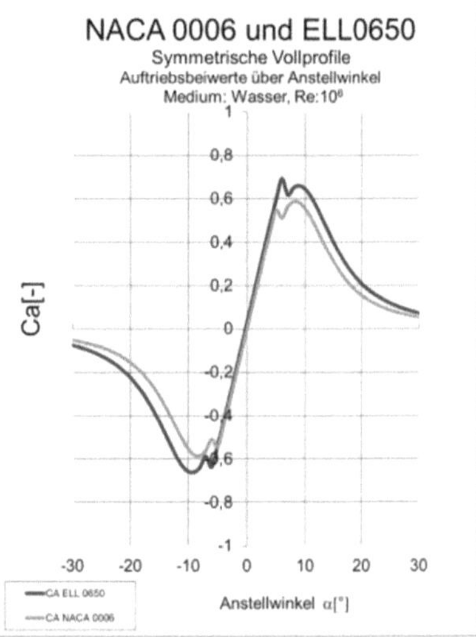

Berechnungsergebnisse der Potentialanalyse. Auszug, mitunter: Anströmwinkel α, Lift- und Widerstandsbeiwert, CL und Cw, Momentenbeiwert, Transitionspunkt T und Separationspunkt S (upper, lower) in pph der Konturseele und weitere Grenzschichtparameter.
Der Stallwinkel wird bei α= 8[°] identifiziert. Der Referenzwert zur CFD-Analyse ist der Berechnungspunkt α=6[°].

α [°]	CL [-]	Cw [-]	$Cm_{0.25}$ [-]	T.U. [-]	T.L. [-]	S.U. [-]	S.L. [-]	GZ [-]	N.P. [-]	D.P. [-]
0,0	0,069	0,00313	-0,016	0,994	0,987	1,000	0,987	22,004	0,268	0,480
1,0	0,185	0,00678	-0,018	0,030	0,987	1,000	0,988	27,253	0,267	0,347
2,0	0,300	0,00744	-0,020	0,023	0,985	1,000	0,986	40,358	0,267	0,316
3,0	0,414	0,00790	-0,022	0,018	0,986	1,000	0,986	52,408	0,268	0,303
4,0	0,524	0,00852	-0,024	0,012	0,986	1,000	0,987	61,547	0,268	0,295
5,0	0,629	0,00910	-0,026	0,009	0,986	1,000	0,987	69,046	0,078	0,291
6,0	0,582	0,03942	-0,014	0,007	0,986	0,032	0,987	14,770	-3,729	0,274
7,0	0,631	0,04533	-0,014	0,005	0,987	0,026	0,988	13,928	0,263	0,273
8,0	0,655	0,05372	-0,015	0,002	0,986	0,023	0,987	12,190	0,264	0,273
9,0	0,650	0,06189	-0,015	0,002	0,986	0,016	0,987	10,497	0,263	0,272
10,0	0,621	0,07389	-0,014	0,001	0,986	0,012	0,987	8,400	0,249	0,273
11,0	0,575	0,08514	-0,015	0,001	0,986	0,010	0,987	6,748	0,233	0,275
12,0	0,519	0,09314	-0,016	0,002	0,986	0,013	0,987	5,576	0,231	0,281
13,0	0,461	0,11072	-0,017	0,001	0,986	0,013	0,987	4,163	0,237	0,286
14,0	0,405	0,12003	-0,018	0,002	0,986	0,013	0,987	3,370	0,237	0,294
15,0	0,353	0,13327	-0,018	0,002	0,986	0,013	0,987	2,647	0,236	0,302
16,0	0,307	0,16027	-0,019	0,002	0,986	0,014	0,987	1,914	0,230	0,312
17,0	0,267	0,17842	-0,020	0,002	0,986	0,015	0,987	1,495	0,227	0,325
18,0	0,232	0,19756	-0,021	0,002	0,986	0,015	0,987	1,177	0,218	0,339
19,0	0,203	0,18830	-0,022	0,003	0,986	0,018	0,987	1,079	0,207	0,358
20,0	0,178	0,20890	-0,023	0,003	0,986	0,020	0,987	0,853	0,208	0,379

Das Analyseprogramm LABFin liefert ein nurisches Modell einer standardisierten Surfboardfinnen und wird als Bibliothek in ein lauffähiges Hauptprogramm eingebunden. Dies kann eine Entwicklungsumgebung sein oder eine auf die besonderen Analysebelange zugeschnittenes Steuerprogramm

Das Programm LABFin ermittelt die Manövrierleistung der standardisierten Laborfinne LABFin nach dem Mittelschnittverfahren für Tragflügelanalysen. LABfin ist ein sehr einfaches Programm und sollte in der laufenden Kampagne nur den Taschenrechner als Fehlerquelle ersetzen. In der derzeitigen Version (1.1-2016) ist LABFin auf verfügbare Datensätze der zu betrachtenden Tragflügelprofile angewiesen. Es kann sich dabei um Messdaten[16] über reale Tragflügelprofile handeln, Berechnungsergebnissen aus hochauflösenden CFD-Analysen, oder wie in unserem Fall, um Berechnungsergebnisse einer Potentialtheoretischen Untersuchung. Die Geometrie der Laborfinne ist sehr einfach, der Tragflügel ist ein Trapez mit einer rechtwinkligen Seite. Deshalb habe ich für einen ersten Hub auf die Anwendung des feinauflösenden Traglinienverfahrens[17] das einen gewissen Deklarationsaufwand erfordert, verzichtet und ein so genanntes Mittelschnittverfahren programmiert. Für homologe Profilverteilungen liefert das Mittelschnittverfahren die gleichen Berechnungsergebnisse wie ein über die Kontur differenziertes Traglinien-verfahren.

Niedrigschwelligen Betrachtungen umströmter Körper können mit dem Ansatz der reibungsfreien und rotorfreien Potentialströmung erfolgen. In der Potentialtheorie werden, unter Berücksichtigung spezieller Randbedingungen, Potentialgleichungen aufgestellt und gelöst. Wir betrachten in diesem

---

[16] Siehe auch: The Airfoil Investigation Database, http://www.worldofkrauss.com/foils/578
UIUC Airfoil Coordinates Database, http://www.ae.illinois.edu/m-selig/ads/coord_database.html
[17] Dienst, Mi. (2016) Fast Fluid Computation, FFC, München, GRIN Verlag, http://www.grin.com/de/e-book/322622/fast-fluid-computation-ffc

Aufsatz nur ebene Strömungsfelder. Wegen der Linearität der Gleichungen gilt für Potentialströmungen das Superpositionsprinzip, das die Darstellung und Berechnung komplexer Lösungen aus der Überlagerung von einfachen Strömungen für die Elementarlösungen erlaubt. Für Potentialströmungen ist die Zirkulation immer dann Null, wenn keine Festkörper oder Singularitäten eingeschlossen werden. Mit der Zirkulation lassen sich Wirbelstärke und Auftriebskräfte berechnen. Als Potential werden hierbei Skalarfunktionen verstanden, deren partielle Ableitung eine Größe mit physikalischer Bedeutung angibt. Ist eine Strömung wirbelfrei, so folgen aus dem Gradienten der Feldfunktion die Geschwindigkeitskomponenten der Strömung. Bei wirbelfreien Strömungen sind die Vektorkomponenten nicht mehr unabhängig voneinander sondern über das Potential verbunden. Nach dem Satz von Kutta-Joukowsky kann die auftriebsbehaftete Umströmung eines Profils als Kombination aus Parallel- und Zirkulationsströmung betrachtet werden, wenn die (Kutta'sche) Abfluss-bedingung erfüllt ist. Diese fordert ein glattes Abströmen des Fluids an der Hinterkante.

Berechnete und abgeleitete Größen in LABFin:

GEOMETRIE

Tragflügelfläche (Aufproj.)	A_a	$[m^2]$	
Tragflügelfläche (Frontproj.)	A_p	$[m^2]$	
Tragflügelfläche (benetzt)	A_b	$[m^2]$	
Tragflügeltiefe, Profiltiefe	t	$[m]$	
Tragflügeltiefe (Tip)	b	$[m]$	
Tragflügellänge	a	$[m]$	
Schlankheitsgrad	λ	$[-]$	$\lambda = A_a / b^2$

KRÄFTE

Strömungskraft	F_S	$[N]$	
Drehmoment (Seefahrzeug)	M_{FZ}	$[Nm]$	
Auftrieb, Querkraft, Lift	L	$[N]$	$L = c_a \cdot A_a \cdot v^2 \cdot \rho/2$
Formwiderstand	R_F	$[N]$	$R_F = c_w \cdot A_p \cdot v^2 \cdot \rho/2$
Reibungswiderstand	R_R	$[N]$	$R_R = c_r \cdot A_b \cdot v^2 \cdot \rho/2$
induzierter Widerstand	R_I	$[N]$	$R_I = c_I \cdot A_a \cdot v^2 \cdot \rho/2$

KOEFFIZIENTEN

Querkraftbeiwert (Messung)	c_L	$[-]$	
Widerstandsbeiwert	c_r	$[-]$	$c_r = 1{,}327 \cdot (Re)^{-1/2}$
Widerstandsbeiwert (glatt)	c_r	$[-]$	$c_r = 0{,}074 \cdot (Re)^{-1/5}$
induzierter Widerstand[18]	c_I	$[-]$	$c_I = \lambda\, c_L^2 / \pi$

ENERGIE und LEISTUNG

translatorische Verschiebung	s	$[m]$	
Rotations-Drehwinkel	γ	$[°]$	
Geschwindigkeit (scheinbar ~)	v	$[ms^{-1}]$	
Winkelgeschwindigkeit (See-Fz)	ω	$[s^{-1}]$	
Arbeit, Energie	W	$[Nm], [J]$	
Leistung (strömungsmechan. ~)	P	$[Nms^{-1}], [Js^{-1}], [W]$	
Erforderliche Verschiebearbeit	W	$[J]$	$W_T + W_R = \Sigma F_S \, \Delta s + \Sigma M_{FZ} \, \Delta \gamma$
Erforderliche Verschiebeleistung	P	$[W]$	$P_T + P_R = \Sigma F_S \, \Delta v + \Sigma M_{FZ} \, \omega$

---

[18] gemäß elliptischer Auftriebsverteilung nach Prandtl

Für die Laborfinne **qFin** mit der Spezifikation LABFin[100][6][100][100][ELL0650] ermitteln wir mit dem Programmsystem LABFin eine radiale Manövrierleistung von P_{Lift}=363 [W] bei einer Geschwindigkeit von 5[m/s]. Die Liftkraft in radialer Richtung und die axiale Widerstandskraft die die Laborfinne bei einem Anströmwinkel von a=5° entwickelt, wir in der CFD-Analyse die Rolle einer Validierungsgröße spielen.

Der Potentiallöser besitzt von Hause aus einen Reibungsansatz. Außerdem wird mit einem Zirkulations-Modell der vom Randwirbel induzierte Widerstand berechnet. Die Ergebnisse der zweidimensionalen Potentialrechning werden mit einem Traglinienverfahren[19] weiterverarbeitet. Für den hier betrachteten Fall der standardisierten **Fin** entspricht dies einem sehr schnell arbeitenden Mittelschnittverfahren mit Berechnungszeiten für eine vollständige Analyse bei t_{LABFin} < 1 Sek.

Berechnungsergebnisse aus Analyse LABFin (Traglinienverfahren, grob)				
Re=10E6, Wasser, α=6.0 [°], v_{ue}= 5.0 [m/s]				
Modellfinne: LABFin[100][6][100][100][ELL0650],				
Berechnungsgröße	**Wert**	Einheit	Richtung	
Liftkraft	72.605	[N]	radial	
Form-Widerstands-Kraft	0.295	[N]	axial	
Reib-Widerstands-Kraft	1.165	[N]	axial	
induzierte Widerstands-Kraft	13.450	[N]	axial	
Zirkulation (Randwirbel)	0.291	$[m^2s^{-1}]$	semiradial	

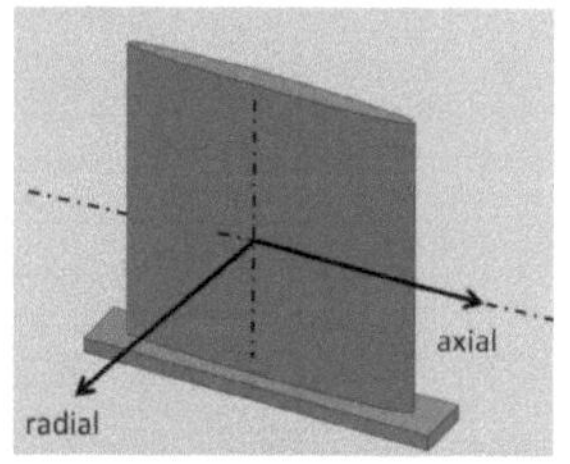

Die Berechnungsergebnisse der LABFin-Analyse nach dem Traglinienverfahren werden in der nachfolgenden Tabelle angegeben. Hier sind auch noch einmal die Geometriedaten der Modellfinne angegeben. Die Analyseparadigmata sind farbig unterlegt.

Die Berechnung einer Strömungswirklichkeit durch die Potentialtheorie kann in sehr feiner Auflösung geschehen.

Berechnungsergebnisse aus Analyse LABFin (Traglinienverfahren, fein)				
Berechnungsgröße	**Wert**	Einheit	Richtung	
Liftkraft	**86.20**	[N]	radial	
Form-Widerstands-Kraft	0.699	[N]	axial	
Reib-Widerstands-Kraft	1.165	[N]	axial	
induzierte Widerstands-Kraft	18.96	[N]	axial	
Zirkulation (Randwirbel)	0.345	$[m^2s^{-1}]$	semiradial	

Da der Potentiallöser seitens seiner wissenschaftlichen Anwendbarkeit ohnehin kritisch (oft rüde) gewürdigt wird, rechne ich immer grob. In der Umgebung des Separationspunktes der turbulenten Strömung, also bei Analysen mit Anstellwinkeln nahe des Stallpunktes, ist eine besondere Aufmerksamkeit geboten. Im Stall kann eine Liftkraft zehn bis fünfzehn Prozent „einknicken". Dies ist erheblich. Die Strömungswirklichkeit ändert schlagartig ihren Charakter. Innerhalb von eines Anstellwinkelschrittes von 0.1 Punkten wandert der Separationspunkt auf der Tragflügel Oberseite von der Profilhinterkante auf eine Position von etwa 30% der oberen Profilkontur. Die Effekte sind aber nicht für elliptische Profilkonturen spezifisch (rote Kurve). Das vergleichbare NACA Profil (blaue Kurve) besitzt einen adäquaten Verlauf des Auftriebsgebarens.

---

[19] Dienst, Mi. (2017) Zur numerischen Analyse einer Laborfinne. Mittelschnittverfahren und Manövrierleistung. GRIN Verlag GmbH München, ISBN(e-Book): 9783668374188, ISBN(Buch): 9783668374195

Analysedaten für eine Laborfinne mit dem Programm LABFin (V1.1.) Mittelschnittverfahren (grob)				
Berechnungs- und Messdaten			LABFin[100][6][100][100][ELL0650]	
INDEX	Wert	Dim	Beschreibung	inProgm.
1	0.100000	[m]	t Standard-Profil-Konturtiefe Wurzel (setting)	t
2	0.100000	[-]	a Tragflügellänge (setting)	a
3	0.100000	[-]	b Profil-Konturtiefe Tip (setting)	b
4	0.006000	[m]	D Profil-Dicke Wurzel (ELL-Spezifikation)	d
5	0.582000	[-]	CL Liftbeiwert aus Analyse	CL
6	0.039400	[-]	CW Widerstandsbeiwert aus Analyse	CW
7	6.000000	[°]	Anströmwinkel aus Analyse	aS
8	5.000000	[m s-1]	Basis-Geschwindigkeit (Vunendlich)	vv
9	1000000.000000	[-]	RE, Reynoldszahl	RE
0	0.000000	[°]	Pfeilungswinkel Tragflügel (bugseitig)	beta_b
1	1.000000	[-]	Schlankheitsgrad Tragflügel (Aspect Ratio)	AspR
2	0.010000	[m2]	Tragflügelflaeche lateral (radial)	A_LAT
3	0.020000	[m2]	Tragflügelflaeche benetzt (radial)	A_BEN
4	0.000600	[m2]	Tragflügelflaeche projeziert (axial)	A_PRJ
5	-0.016667	[m]	x-Druckmittelpunkt auf Tragflügel (radial)Null=x0	PsX
6	0.050000	[m]	y-Druckmittelpunkt auf Tragflügel (radial)Null=y0	PsY
7	8.000000	[°]	Winkel der Anströmrichtung, Stallwinkel	aS
8	5.000000	[ms-1]	v-unendlich resultieren geg. Profilseele	vreu
9	-0.727500	[ms-1]	v-unendlich x-Komponente.	vxue
0	4.946791	[ms-1]	v-unendlich y-Komponente.	vyue
1	0.582000	[-]	Lift-Koeffi (aus Analyse NACA)	c_LIFT
2	0.039400	[-]	Form-Koeffi (aus Analyse NACA)	c_DRAG
3	0.004669	[-]	Reibungs-Koeffi (NACA)	c_FRIC
4	0.107819	[-]	induziert-wi-Koeffi (NACA)	c_INDU
5	0.291000	[m2s-1]	Zirkulation am Fluegel-Tip	vortty
6	**72.604500**	[N]	**Liftkraft**	K_LIFT
7	**0.294909**	[N]	Form-Wi-Kraft	K_DRAG
8	**1.164937**	[N]	Reib-Wi-Kraft	K_FRIC
9	**13.450443**	[N]	induzierte Wi-Kraft	K_INDU
0	**14.910289**	[N]	**totale Wi-Kraft**	K_SUMM
1	**74.119701**	**[N]**	**resultierende ManoeverierKraft**	**K_RES**
2	78.4	[°]	Kraftrichtung(Manoever); Null = achteraus	gama_Kres
3	363.022500	**[W]**	**LiftLeistung**	**P_LIFT**
4	1.474545	[W]	Form-Wi-Leistung	P_DRAG
5	5.824683	[W]	Reib-Wi-Leistung	P_FRIC
6	67.252217	[W]	induzierte Wi-Leistung	P_INDU
7	74.551445	**[W]**	**totale Widerstands-Leistung**	**P_SUMM**
8	370.598507	**[W]**	**resultierende ManoeverierLeistung**	**P_RES**
9	78.39	[°]	Leistungsrichtung(Manoever); Null = achteraus	gama_Pres

Analysedaten für eine Laborfinne mit dem Programm LABFin (V1.1.) Mittelschnittverfahren (fein)				
Berechnungs- und Messdaten			LABFin[100][6][100][100][ELL0650]	
INDEX	Wert	Dim	Beschreibung	inProgm.
1	0.100000	[m]	t Standard-Profil-Konturtiefe Wurzel (setting)	t
2	0.100000	[-]	a Tragflügellänge (setting)	a
3	0.100000	[-]	b Profil-Konturtiefe Tip (setting)	b
4	0.006000	[m]	D Profil-Dicke Wurzel (ELL-Spezifikation)	d
5	0.691000	[-]	CL Liftbeiwert aus Analyse	CL
6	0.093500	[-]	CW Widerstandsbeiwert aus Analyse	CW
7	6.000000	[°]	Anströmwinkel aus Analyse	aS
8	5.000000	[m s-1]	Basis-Geschwindigkeit (Vunendlich)	vv
9	1000000.000000	[-]	RE, Reynoldszahl	RE
0	0.000000	[°]	Pfeilungswinkel Tragflügel (bugseitig)	beta_b
1	1.000000	[-]	Schlankheitsgrad Tragflügel (Aspect Ratio)	AspR
2	0.010000	[m2]	Tragflügelflaeche lateral (radial)	A_LAT
3	0.020000	[m2]	Tragflügelflaeche benetzt (radial)	A_BEN
4	0.000600	[m2]	Tragflügelflaeche projeziert (axial)	A_PRJ
5	-0.016667	[m]	x-Druckmittelpunkt auf Tragflügel (radial)Null=x0	PsX
6	0.050000	[m]	y-Druckmittelpunkt auf Tragflügel (radial)Null=y0	PsY
7	6.000000	[°]	Winkel der Anströmrichtung, Stallwinkel	aS
8	5.000000	[ms-1]	v-unendlich resultieren geg. Profilseele	vreu
9	-0.727500	[ms-1]	v-unendlich x-Komponente.	vxue
0	4.946791	[ms-1]	v-unendlich y-Komponente.	vyue
1	0.691000	[-]	Lift-Koeffi (aus Analyse NACA)	c_LIFT
2	0.093500	[-]	Form-Koeffi (aus Analyse NACA)	c_DRAG
3	0.004669	[-]	Reibungs-Koeffi (NACA)	c_FRIC
4	0.151987	[-]	induziert-wi-Koeffi (NACA)	c_INDU
5	0.345500	[m2s-1]	Zirkulation am Fluegel-Tip	vortty
6	86.202250	[N]	**Liftkraft**	K_LIFT
7	0.699848	[N]	Form-Wi-Kraft	K_DRAG
8	1.164937	[N]	Reib-Wi-Kraft	K_FRIC
9	18.960367	[N]	induzierte Wi-Kraft	K_INDU
0	20.825151	[N]	**totale Wi-Kraft**	K_SUMM
1	88.682100	**[N]**	**resultierende ManoeverierKraft**	**K_RES**
2	76.418434	[°]	Kraftrichtung(Manoever); Null = achteraus	gama_Kres
3	431.011250	**[W]**	**LiftLeistung**	**P_LIFT**
4	3.499238	[W]	Form-Wi-Leistung	P_DRAG
5	5.824683	[W]	Reib-Wi-Leistung	P_FRIC
6	94.801833	[W]	induzierte Wi-Leistung	P_INDU
7	104.125753	**[W]**	**totale Widerstands-Leistung**	**P_SUMM**
8	443.410498	**[W]**	**resultierende ManoeverierLeistung**	**P_RES**
9	76.418434	[°]	Leistungsrichtung(Manoever); Null = achteraus	gama_Pres

Vor und nach dem Stall. Bis zu diesem Strömungsabriss ist der Verlauf der Kurve des Liftkoeffizienten linear und proportional dem beaufschlagenden Anstellwinkel der Profilkontur. Eine feinauflösende Untersuchung der Profilpolaren zeigt den Knick in der Kraft- und Leistungsentwicklung des Tragflächensystems.

Kraftgrößen			Grenzschichtgrößen			
α	CL	Cw	T.U.	T.L.	S.U.	S.L.
5.8	0.672	0.00944	0.007	0.989	1.000	0.990
5.9	0.682	0.00925	0.007	0.989	1.000	0.990
6.0	0.691	0.00935	0.007	0.989	1.000	0.990
6.1	0.564	0.03947	0.006	0.989	0.031	0.990
6.2	0.571	0.04007	0.006	0.989	0.028	0.990
6.3	0.578	0.04061	0.006	0.989	0.029	0.990
6.4	0.585	0.04112	0.006	0.989	0.026	0.990

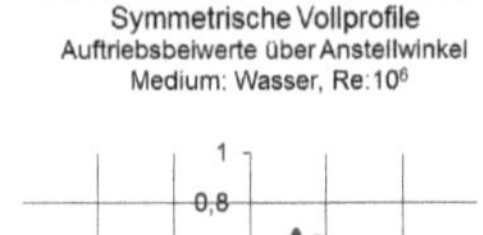

Mit dem Auftriebsgebaren im Stall bricht natürlich auch die Zirkulation um die Tragflügeloberkante ein. Da wir aus der Zirkulation den so genannten „induzierten Widerstand" ableiten, klingt das zunächst nach einer „frohen Botschaft". Beim Induzierten Widerstand handelt es sich um eine in die Strömung eingetragene Energie – die Finne arbeitet in diesem Fall als Arbeitstragfläche – die dem Tragflügelsystem verloren geht.

CFD- SIMULATION

DESIGN und DEKLARATIONEN. Zu Beginn jeder Simulationskampagne unter CFD wird zunächst das Berechnungsgebiet erzeugt und die Art der Simulation festgelegt. Grundsätzlich ist zu überprüfen, ob Symmetriebedingungen vorliegen und damit Vereinfachungen im Berechnungsablauf zu erwarten sind. Die Berechnung soll im Medium Wasser stattfinden und Wärmeübergangsszenarien sind zunächst nicht vorgesehen. In dieser Kampagne kommt das Programmsystem SolidWorks Flow Simulation[20], deren Technische Datenbank (Engineering Database) enthält die physikalischen Eigenschaften von vordefinierten und benutzerdefinierten Gasen, realen Gasen, inkompressiblen Flüssigkeiten, nicht-Newtonschen Flüssigkeiten, kompressiblen Flüssigkeiten, Feststoffsubstanzen und porösen Materialien enthält. Die Datenbank enthält darüber hinaus die konstanten Werte und Tabellenwerte für die Temperatur- und Druckabhängigkeit von verschiedenen physikalischen Parametern. In einem typischen Fall wird eine über Volumenmodelle definierte CAD-Konstruktion der zu untersuchenden Surfboardfinnen-Geometrie In das Simulationsprogramm importiert. Reine Oberflächen-Modeler[21] gelten im Maschinenbaubereich als weniger geeignet, sind aber durchaus eine Option. Das im Yachtdesign etablierte oberflächenorientierte CSD-Programmsystem Rhinoceros beispielsweise exportiert Date in dem SolidWorks kompatiblen ~.SLDPRT Ausgabeformat.

Im relevanten Simulationsprogramm muss ein Strömungsraum definiert werden. Da es bei den hier betrachteten Strömungswirklichkeiten um die Simulation der Außenströmung einer kleinen Leit- und Steuertragfläche handelt, erhält der zu definierende Strömungsraum die Gestalt einer (genügend großzügigen) Kiste. An deren Wand wird das Strömungsbauteil positioniert. Diese Modell-Konfiguration der Surfboardfinne am Lösungsrand ist Simulationsmethodisch als durchaus fragwürdig anzusehen und ihre physikalische Glaubwürdigkeit ist zu diskutieren. Nehmen wir diese Bedenken an dieser Stelle in die avisierte Strömungswirklichkeit auf. Das Einheitensystem des CFD-Solvers ist an dieser Stelle zu beachten. Der zu definierende Strömungsraum soll sich an dem gegebenenfalls zu

---

[20] Die Angaben sind auszugsweise der Produktinformation des Herstellers entnommen und beziehen sich auf den konkreten Anwendungsfall. Das für den Autor dieser Untersuchung verfügbare Programmsystem ist lizensiert: SolidWorks Flow Simulation, Version 16/17.

[21] Rhinoceros (typically abbreviated Rhino, or Rhino3D) is a computer-aided design (CAD) application software developed by Robert McNeel & Associates; an American, privately held, employee-owned company, that was founded in 1980. Rhinoceros geometry is based on the NURBS mathematical model, which focuses on producing mathematically precise representation of curves and freeform surfaces in computer graphics (as opposed to polygon mesh-based applications). Aus: https://en.wikipedia.org/wiki/Rhinoceros_3D

validierenden Messkanal der TU Berlin mit vorgegebenen Abmessungen orientieren. Auch hier befindet sich das Strömungsbauteil am Rand des Simulationssystems. Gegebenenfalls ist ein Sockel für den Strömungsanlauf in den Maßen des (standardisierten) Finnenterminals vorzusehen, der den Strömungsraum verändert.

MESHING. Zu jeder Strömungssimulation und Berechnung muss ein Rechennetz erzeugt werden sofern nicht aus einer vorangegangenen Kampagne die Kondition des Berechnungsnetzes übernommen wird. Definiert wird eine globale Netzpunktzahl, die Gitterfeinheit der Berechnungskampagne. Es können und sollen lokale Netzverfeinerungen vorgenommen werden mit dem Ziel, die objektfernen äußeren Strömungsgebiete von einer zu hohen Diskretisierungsdichte zu entlasten. Die kommerziell verfügbaren Programmsysteme[22] zur Rechennetzerzeugung sind sehr leistungsfähig und erzeugen auch für komplexe Geometrien hochwertige Netze mit hinreichender Genauigkeit. Grundsätzlich ist zu beachten, dass die Netzzellen rechtwinklig und möglichst quadratisch sind. Die Änderungsraten sollten nicht größer als 1,2 sein. Das Rechennetz muss in Gebieten mit starken Gradienten der zu ermittelnden Strömungswirklichkeit verdichtet sein. Gerade in einer zu untersuchenden Wandgrenzschicht und bei starken Krümmungen sollte das Betrechnungsgitte 10 oder mehr Schichten besitzen. Ausgehend von einem Standardnetz ist an kritischen Konturen das Rechengitter (ggf. von Hand) zu verfeinern. Wird eine Berechnungskampagne zum allerersten Male durchgeführt ist (unbedingt) Gitterstudie (Netzunabhängigkeitsstudie) durchzuführen. Hierzu werden Berechnungen auf unterschiedlich feinen Rechennetzen durchgeführt und beobachtet.

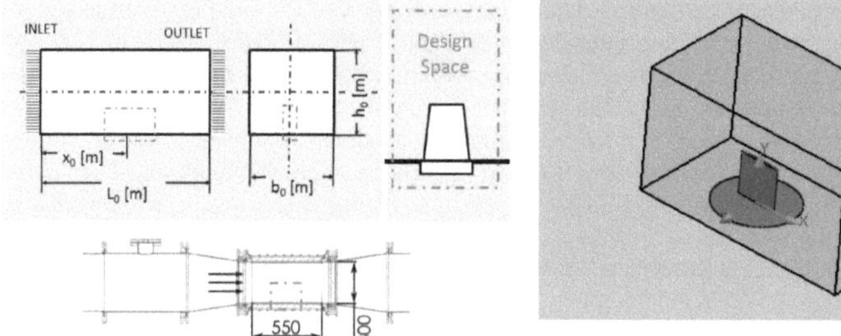

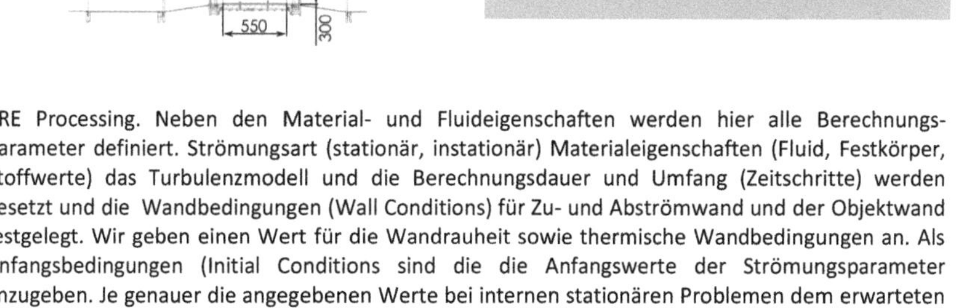

PRE Processing. Neben den Material- und Fluideigenschaften werden hier alle Berechnungs-parameter definiert. Strömungsart (stationär, instationär) Materialeigenschaften (Fluid, Festkörper, Stoffwerte) das Turbulenzmodell und die Berechnungsdauer und Umfang (Zeitschritte) werden gesetzt und die Wandbedingungen (Wall Conditions) für Zu- und Abströmwand und der Objektwand festgelegt. Wir geben einen Wert für die Wandrauheit sowie thermische Wandbedingungen an. Als Anfangsbedingungen (Initial Conditions sind die die Anfangswerte der Strömungsparameter anzugeben. Je genauer die angegebenen Werte bei internen stationären Problemen dem erwarteten Strömungsfeld entsprechen, desto kürzer wird die Analysezeit sein. Bei stationären Strömungsproblemen führt das Simulationsprogramm solange Iterationen aus, bis die Lösung konvergiert. Bei nicht stationären (transienten bzw. zeitabhängigen) Problemen wird die Simulation mit einer vorweg deklarierten Berechnungsdauer ausgeführt.

---

[22] MESHING ICEM-CFD (Ansys, Fluent),

CFD Solver. Zur Strömungsberechnung wird das Rechennetz und die vom Pre-Processing erzeugte Datei eingelesen. Zum Berechnungsbeginn ist eine Startlösung erforderlich. In der Regel wird dieser erste Hub vom CFD-Programmsystem selbständig aus den Randbedingungen erzeugt. In einer Berechnungskampange sollte eine vernünftige wesensverwandte Lösung als Startkonfiguration (ggf. von Hand) ausgewählt werden. Moderne Programmsysteme lassen verteilte Berechnungen (auf mehrknotigen Prozessoren) zu. Diese Option ist in jeden Einzelfall (verfügbare Hardware) zu überprüfen.

POST Processing. Zur Visualisierung der Berechnungsergebnisse stehen zahlreiche Auswertemöglichkeiten zur Verfügung. Die Strömungswirklichkeit kann mit Stromlinien, Strömungsvektoren ode auch durch ind der Strömung mitschwimmende Partikel dargestellt werden. Auf Bauteiloberflächen sind Druck- und Temperaturverteilungen darstellbar. Tabellen und Diagramme sind durch den Anwender vereinbar. Bei unseren Surfboardfinnen sind Kenntnisse über Kraftgrößen von Bedeutung. Moderne CFD-Programme bieten die Möglichkeit Strömungsfilme zu erstellen und in kompatiblen Formaten abzuspeichern. Voreinstellbare Berechnungssensitivitäten (Result resolution) bestimmen letztendlich die Lösungsgenauigkeit, die als Auflösung der Berechnungsergebnisse interpretiert werden kann. Sie ist abhängig von der gewünschten Lösungsgenauigkeit, der verfügbaren CPU-Rechenzeit und des Arbeitsspeichers des Computers. Natürlich hat die Lösungsgenauigkeit einfluOß auf die Anzahl der erzeugten Netzzellen, die CPU-Rechenzeit und den Computerspeicher verantwortlich.

NETZE. Wie ist der Berechnungsraum und das Berechnungsgitter zu bemessen? Bei der Auswahl sind geometrische, numerische und physikalische Abhängigkeiten des Modells und deren Auswirkungen auf die Simulationsqualität der Berechnungskampagne zu berücksichtigen. Beginnen wir mit Letzteren, denn hier hat der Anwender nur geringen Einfluss auf die Qualität der Analyse. Der Konvergenzverlauf der Zielgrößen der CFD-Analyse bei der Untersuchung der Strömungswirklichkeit um eine Surfboardfinne zeigt, dass der Iterationsaufwand in einem besonderem Maße mit den Friktionsberechnungen wächst. Wir sprechen hier von CPU-Zeiten in der Größenordnung von bis zu einem Drittel der Gesamtberechnungszeit. Und die CPU-Zeit ist mit der realen Berechnungszeit zu vergleichen. Eine Änderung der Analyseparadigmen wird automatisch das zu Grunde liegende physikalische Modell der CFD-Simulation verändern oder in Frage stellen, was in aller Regel unerwünscht ist.

		Num. Simulation der Strömungswirklichkeit (in Stallnähe) einer Surfboardfinne mit Ellipsenprofil ELL0550									
		Berechnungsraum [m]			Netz-Quali.	CPU Zeit	Berechnungsziele [N]		Geschwindigkeit [m/s]		
		breit	hoch	lang	Zellenzahl	[h:m:s]	Radialkraft	Axialkraft	vx	vz	α [°]
A	1	0.8	0.6	1.1	44.244	0:01:35	82.85	3.13	4.88	0.52	6.08
	2	0.8	0.6	1.1	98.516	0:02:17	87.34	3.27	4.88	0.52	6.08
	3	0.8	0.6	1.1	191.256	0:06:44	83.21	3.17	4.88	0.52	6.08
	4	0.8	0.6	1.1	419.106	0:18:38	79.45	3.12	4.88	0.52	6.08
	5	0.8	0.6	1.1	903.862	0:46:10	76.22	2.96	4.88	0.52	6.08
B	1	1.0	1.0	2.0	348.096	0:14:12	73.89	3.24	4.92	0.51	5.92
	2	1.0	1.0	2.0	710.354	0:32:13	74.67	3.53	4.97	0.52	5.97
	3	1.0	1.0	2.0	1.413.440	1:19:49	71.64	3.38	4.93	0.52	6.02
D	1	TraglinienV.Pot.		Stall	cL = 0.58	< 0:00:1	72.60	1.45	4.97	0.52	6.0 +
	2	Friktion, Induz.		fein	cL = 0.69	< 0:00:1	86.20	1.86	4.97	0.52	6.0 -

Die Deklaration lokaler Netzverfeinerungen ist eine notwendige Option, die Analyseergebnisse zu verbessern, ohne die Berechnungszeit in die Höhe zu treiben. Die geometrische „Stellschraube" ist das interessanteste, wenn auch heikelste Entscheidungskriterium. Die Auswahl und Bemessung des Berechnungsraumes ist in erster Linie eine Frage der grundsätzlichen Herangehensweise an das gestellte Analyseproblem. Besteht die Aufgabenstellung der Simulation darin, dass beispielsweise ein strömungsdynamischer Messaufbau in seinen Einzelheiten und geometrischen Eigenheiten möglichst exakt beschrieben werden soll, sind die geometrischen Parameter des realen Vorbilds zwingend. Das Vorhaben **FININA-Tank** (sprich: Fin in a Tank!) setzt genau hier an und verfolgt die Absicht, einen virtuellen Strömungskanal für die Untersuchung von Surfboardfinnen zu entwickeln. Gleichzeitig sollen in einem möglichst einfachen Modellansatz qualitative und quantitative Berechnungsergebnisse ausgewertet und durch bildgebende Verfahren visualisiert und beschrieben werden. Das mittelfristige Ziel sind Gestaltungsregeln für innovative Surfboardfinnen. Die reale Messstrecke und sei Computermodell sind das methodische Vehikel für eine kompetente und auf aussagekräftige Daten gestützte Gestaltfindung. Messung und Simulation sind gleichermaßen Hilfsmittel der industriellen Produktentwicklung. Der zu simulierende (reale) Messraum diktiert in diesem Fall die Abmessungen des für eine Berechnungskampagne zu deklarierenden Berechnungsraums. Der mit der Simulation befasste Anwender besitzt in diesem Fall einen „naturwissenschaftlichen" Habitus. Der gemeine Naturwissenschaftler „findet" irgend ein Ding, in unserem Falle den fluidmechanisch wirksamen Tragflügel der Surfboardfinne, verbringt diesen Artefakten, es könnte natürlich genauso gut auch ein biologisches Wesen sein, in einen Messapparat und untersucht es nach allen geltenden Regeln und verfügbaren Messzeugen der strömungsmechanischen Analyse, die in unserem Falle numerischer Natur und computerbasiert ist. Ich habe die Netz- und Gitterstudien zu unserer Gestaltungsaufgabe in drei Serien organisiert. Die Simulationskampagne **C** in der obigen Tabelle findet in diesem determinierten Berechnungsraum statt. Hinsichtlich der Berechnungsziele liefert das Simulationsmodell für beliebige Netzverfeinerungen Radial- und Axialkräfte in gleicher Größenordnung.

Diese naturwissenschaftliche Herangehensweise ist unbedingt ehrenwert und geübte Praxis. aber in der industriellen Entwicklungspraxis immer dann nicht besonders hilfreich, wenn die Simulation auf Gestaltungs- und Konstruktionsbelange zielt. In diesem Fall werden die Artefakte (oder wesen) nicht „gefunden" sondern vom Anwender erzeugt, quasi „erfunden". Nun ist also weniger eine (findende) naturwissenschaftliche Herangehensweise erforderlich, sondern der (erfindende) ingenieurwissenschaftliche Habitus gefordert.

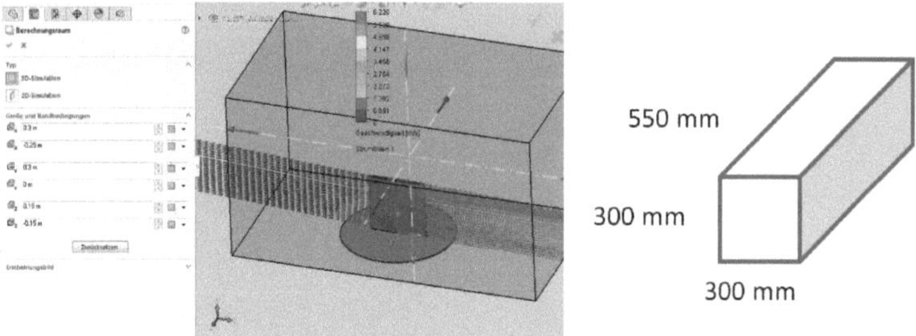

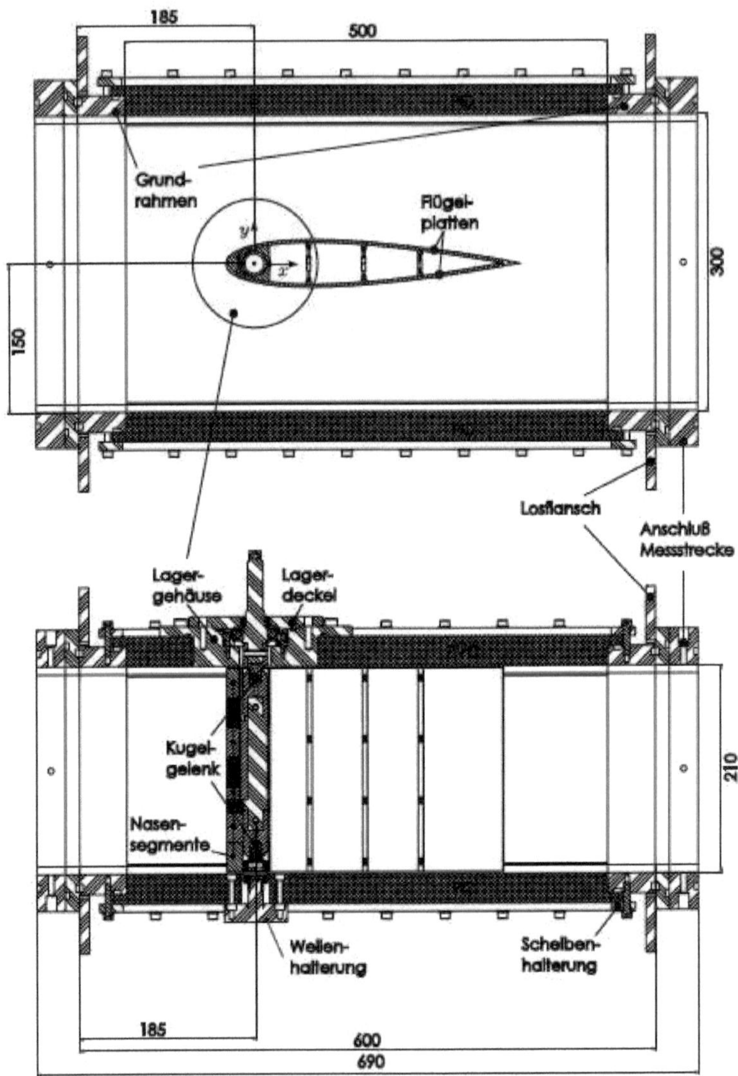
185
500
Grund-
rahmen
Flügel-
platten
300
150
Losflansch
Anschluß
Messstrecke
Lager-
gehäuse
Lager-
deckel
Kugel-
gelenk
210
Nasen-
segmente
Wellen-
halterung
Scheiben-
halterung
185
600
690

Bibliographie, Quellen und weiterführende Literatur

[Abbo-59]   Ira H. Abbott, Albert E. von Doenhoff: Theory of Wing Sections: Including a Summary of Airfoil Data. Dover Publications, New York 1959.

[Bech-93]   Bechert, D.W.: Verminderung des Strömungswiderstandes durch bionische Oberflächen. In: VDI-Technologieanalyse Bionik, S. 74 – 77. VDI-Technologiezentrum Düsseldorf 1993.

[Bech-97]   Bechert, D.W., Biological Surfaces and their Technological Application. 28th AIAA Fluid Dynamics Conference: 1997

[Die 17-6]   Dienst, Mi. (2017) Reihenuntersuchung zu elliptischen Profilkonturen für Leit- und Steuertragflächen. Zur Analyse der Strömungswirklichkeit von Surfboard-Finnen. GRIN-Verlag GmbH München, ISBN(Buch): 9783668390751.

[Die 17-4]   Dienst, Mi. (2017) Superformance of Surfboard Fins. Bionik, Leistungsähnlichkeit und affine Skalierung. GRIN-Verlag GmbH München, ISBN(Buch): 9783668377158

[Die 17-3]   Dienst, Mi. (2017) Performance und Downsizing von Surfboardfinnen. Beitrag zur Phänomenologie und Strömungswirklichkeit. GRIN-Verlag GmbH München, ISBN(Buch): 9783668374898

[Die 17-1]   Dienst, Mi. (2017) Zur numerischen Analyse einer Laborfinne. Mittelschnittverfahren und Manövrierleistung. GRIN-Verlag GmbH München, ISBN(Buch): 9783668374195.

[Die15-7]   Dienst, Mi. (2015) Dossier über die Forschung der BIONIC RESEARCH UNIT der Beuth Hochschule für Technik Berlin, GRIN-Verlag GmbH München, ISBN (Buch) 978-3-668-02184-6.

[Die13-3]   Dienst, Mi.(2013) Reihenuntersuchung zu Profilkonturen für Leit- und Steuerflächen von Seefahrzeugen. Datenreihe ERpL2050. GRIN-Verlag GmbH München, ISBN 978-3-656-47215-5

[Die11-4]   Dienst, Mi.(2011) Methoden in der Bionik. Die Reynoldsbasierte Fluidische Fitness. GRIN-Verlag GmbH München.

[Die09-4]   Dienst, Mi.(2009) Physical Modelling driven Bionics. GRIN-Verlag München.

[DUB-95]   Dubbel, Handbuch des Maschinenbaus, Springer Verlag Berlin, 15.Auflage 1995.

[Eppl-90]   Richard Eppler: Airfoil Design and Data. Springer, Berlin, New York 1990.

[Fli-02]   Flindt, R. (2002) Biologie in Zahlen Berlin: Spektrum Akademischer Verl.

[Fren-94]   French, M.: Invention and Evolution: design in nature and engineering. Cambridge University Press. Cambridge 1994.

[Fren-99]   French, M.: Conceptual Design for Engineers. Berlin, Heidelberg, New York, London, Paris, Tokio: Springer: 1999

[Gel-10]   Produktinformation, 05 2010, GELITA 69412 Eberbach. www.gelita.com

[Guen-98]   Günther, B., Morgado, E. (1998) Dimensional analysis and allometric equations concerning Cope's rule. Revista Chilena de Historia Natural 71: 331-335, 1989

[Gör-75]   Görtler, H. Diemensionsanalyse. Berlin Springer 1975

[Gorr-17]   Edgar Gorrell, S. Martin: Aerofoils and Aerofoil Structural Combinations. In: NACA Technical Report. Nr. 18, 1917.

[Guen-66]   Günther, B., Leon, B. (1966) Theorie of biological Similarities, nondimensional Parameters and invariant Numbers. Bulletin of Mathematical Biophysics Volume 28, 1966.

[Gutm-89]   Gutmann, W.: Die Evolution hydraulischer Konstruktionen. Verlag W. Kramer: Frankfurt am Main, 1989.

[Hüt-07]   Hütte, 2007, 33. Auflage, Springer Verlag. S.E147

[Hux-32]   Huxley, J.S. (1932) Problems of relative Growth. London: Methuen.

[Katz-01]   Joseph Katz, Allen Plotkin (2001) Low-Speed Aerodynamics (Cambridge Aerospace Series) Cambridge University Press; 2 edition (February 5, 2001)

[Liao-03]   Liao, J.C.; Beal, D.; Lauder, G.; Triantayllou, M. Fish Exploting Vortices Decrease Muscle Activty. In: Science 2003, S. 1566-1569. AAAS. 2003.

[Lech-14]   Lecheler, S. (2014) Numerische Strömungsberechnung Springer Verlag Berlin Heidelberg. ISBN 978-3-658-05201-0

[Matt-97]   Mattheck, C.: Design in der Natur. Rombach Verlag. Freiburg 1997.

[Mial-05]   B. Mialon, M. Hepperle: "Flying Wing Aerodynamics Studies at ONERA and DLR", CEAS/KATnet Conference on Key Aerodynamic Technologies, 20.-22. Juni 2005, Bremen.

[Nac-01]   Nachtigall, W. (2001) Biomechanik. Braunschweig: Vieweg Verlag.

[Nach-98]   Nachtigall, W. : Bionik – Grundlagen und Beispiele für Ingenieure und Naturwissenschaftler. Springer-Verlag, Berlin-Heidelberg-New York 1998.

[Nach-00]   Nachtigall, Werner; Blüchel, Kurt. Das große Buch der Bionik. Stuttgart: Deutsche Verlags Anstalt: 2000.

[Oert-11]   Oertel jr., H., Böhle, M., Reviol, Th. (2011) Strömungsmechanik, Grundlagen. Springer Verlag Berlin Heidelberg. ISBN 978-3-8348-8110-6

[PaBe-93]   Pahl. G.; Beitz, W.: Konstruktionslehre, 3.Auflage. Berlin- Heidelberg-New York-London-Paris-Tokio: Springer 1993

[Pflu-96]   Pflumm, W. (1996) Biologie der Säugetiere. Berlin: Blackwell Wissenschaftsverlag.

[Rech-94]   Rechenberg, Ingo. Evolutionsstrategie'94. Frommann-Holzoog Verlag. Stuttgart: 1994.

[Scha-13]   Schade, H. (2013) Strömungslehre. De Gruyter Verlag. ISBN-13: 978-3110292213

[Schü-02]   Schütt, P., Schuck, H-J., Stimm, B. (2002) Lexikon der Baum- und Straucharten. Nikol, Hamburg, ISBN 3-933203-53-8

[Tham-08]   Siekmann, H.E., Thamsen, P. U. (2008) Strömungslehre Grundlagen, Springer Verlag Berlin Heidelberg. ISBN 978-3-540-73727-8

[Tho-59]   Thompson, D'Arcy, W. (1959) On Growth and Form. London: Cambridge University Press. (Neuauflage der Originalschrift 1907)

[Tho-92]   Thompson, D W., (1992). *On Growth and Form*. Dover reprint of 1942 2nd ed. (1st ed., 1917). ISBN 0-486-67135-6

[Tria-95]   Triantafyllou, M.: Effizienter Flossenantrieb für Schwimmroboter. In: Spektrum der Wissenschaft 08-1995, S. 66–73. Spektrum der Wissenschaft- Verlagsgesellschaft mbH, Heidelberg 1995.

[Zie - 72]   Zierep, J. (1972) Ähnlichkeitsgesetze und Modellregeln der Strömungslehre.

[Vos-15-2]   M. Voß, H.-D. Kleinschrodt, M. Dienst: "Experimentelle und numerische Untersuchung der Fluid-Struktur-Interaktion flexibler Tragflügelprofile", Resarch Day 2015 - Stadt der Zukunft Tagungsband - 21.04.2015, Mensch und Buch Verlag Berlin, S. 180- 184, Hrsg.: M. Gross, S. von Klinski, Beuth Hochschule für Technik Berlin, September 2015, ISBN:978-3-86387-595-4.

[Vos-15-1]   M. Voss, P.U. Thamsen, H.-D. Kleinschrodt, M. Dienst (2015): "Experimeltal and numerical investigation on fluid-structure-interaction of auto-adaptive flexible foils", Conference on Modelling Fluid Flow (CMFF'15), Budapest, Ungarn, 1.-4. September 2015, ISBN (Buch): 978-963-313-190-9.

[Vos-15-2]   M. Voss, (2015) Experimentelle und numerische Untersuchung flexibler Tragflügelprofile. Dissertation, Technische Universität Berlin 2015.

[W-1]   http://de.wikipedia.org/wiki/Profil (abgerufen 04042016)

[W-2]   The Airfoil Investigation Database, http://www.worldofkrauss.com/foils/578 (abgerufen 04042016)

[W-3]   UIUC Airfoil Coordinates Database, (abgerufen 04042016) http://www.ae.illinois.edu/m-selig/ads/coord_database.html

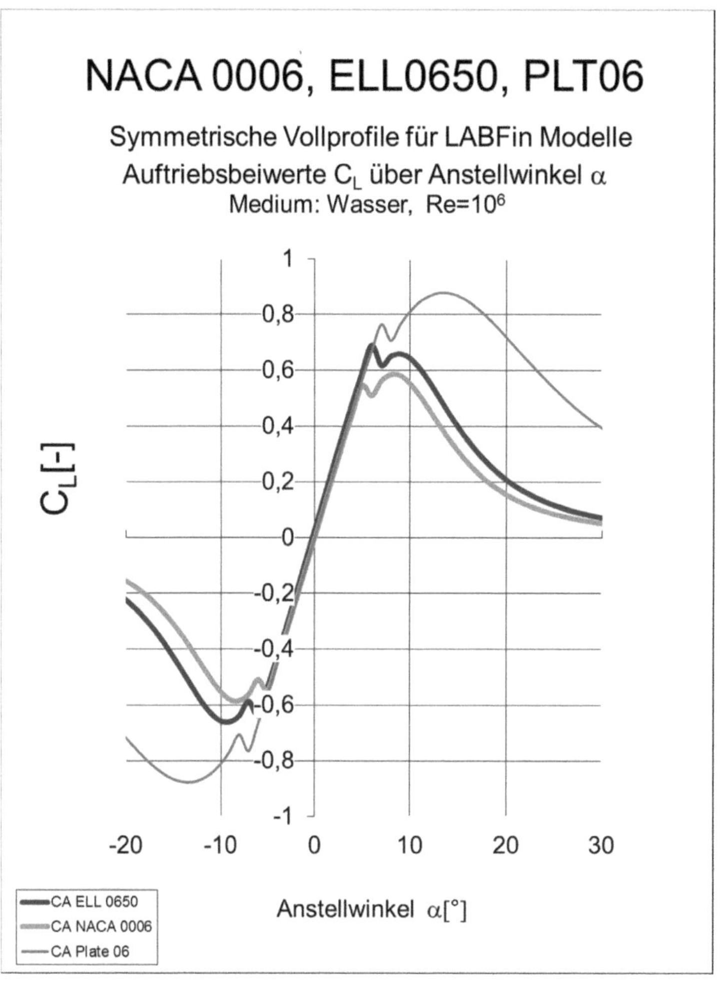
NACA 0006, ELL0650, PLT06
Symmetrische Vollprofile für LABFin Modelle
Auftriebsbeiwerte C_L über Anstellwinkel α
Medium: Wasser, Re=10^6
C_L[-]
1
0,8
0,6
0,4
0,2
0
-0,2
-0,4
-0,6
-0,8
-1
-20
-10
0
10
20
30
Anstellwinkel α[°]
CA ELL 0650
CA NACA 0006
CA Plate 06

ELL 0650

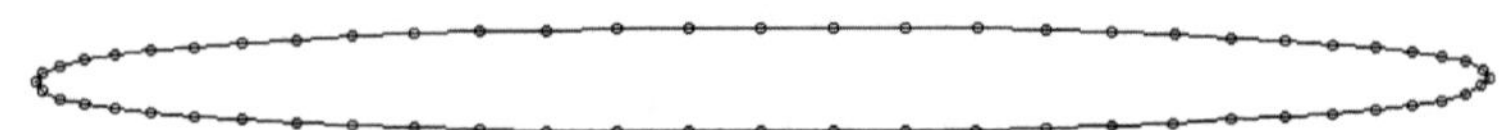

1,0000	0,0000
0,9955	0,0059
0,9849	0,0113
0,9682	0,0145
0,9471	0,0175
0,9216	0,0202
0,8920	0,0228
0,8586	0,0250
0,8217	0,0271
0,7818	0,0291
0,7391	0,0311
0,6941	0,0323
0,6473	0,0336
0,5990	0,0336
0,5497	0,0336
0,5000	0,0336
0,4502	0,0337
0,4010	0,0336
0,3527	0,0334
0,3058	0,0323
0,2609	0,0311
0,2182	0,0292
0,1783	0,0271
0,1414	0,0251
0,1080	0,0228
0,0784	0,0203
0,0529	0,0176
0,0318	0,0145
0,0155	0,0110
0,0042	0,0055
-0,0000	-0,0005
0,0043	-0,0061
0,0156	-0,0115
0,0319	-0,0151
0,0530	-0,0180
0,0785	-0,0209
0,1081	-0,0234
0,1414	-0,0257
0,1783	-0,0277
0,2182	-0,0296
0,2608	-0,0309
0,3058	-0,0323
0,3526	-0,0336
0,4008	-0,0342
0,4500	-0,0349
0,4997	-0,0349
0,5494	-0,0349
0,5986	-0,0339
0,6469	-0,0336

0,6937	-0,0323
0,7386	-0,0309
0,7812	-0,0297
0,8211	-0,0275
0,8580	-0,0257
0,8913	-0,0233
0,9209	-0,0208
0,9464	-0,0180
0,9675	-0,0149
0,9837	-0,0109
0,9939	-0,0043
1,0000	0,0000

α	Re	Mach	Λ	Ca	Cw	Cm 0.25
[°]	[-]	[-]	[-]	[-]	[-]	[-]
0,000	100000	0,000	∞	0,069	0,00990	-0,016

x/l	y/l	v/V	δ_1	δ_2	δ_3	$Re\delta_2$	C_f	H_12	H_32	Zust.	y1
[-]	[-]	[-]	[-]	[-]	[-]	[-]	[-]	[-]	[-]	[-]	[%]
1,0000	0,0000	0,5532	0,006532	0,001849	0,003425	102,3	0,0000	3,5326	1,8522	abgel.	0,0000
0,9955	0,0059	1,0332	0,006532	0,001849	0,003425	191,1	0,0000	3,5326	1,8522	lam.	0,0000
0,9849	0,0113	1,1997	0,004319	0,001850	0,002970	204,0	0,0031	2,3340	1,6053	lam.	0,0255
0,9682	0,0145	1,1024	0,004340	0,001848	0,002964	203,1	0,0030	2,3484	1,6038	lam.	0,0257
0,9471	0,0175	1,0982	0,004793	0,001911	0,003023	207,4	0,0024	2,5083	1,5822	lam.	0,0289
0,9216	0,0202	1,0854	0,004512	0,001851	0,002947	201,4	0,0027	2,4371	1,5917	lam.	0,0272
0,8920	0,0228	1,0878	0,004948	0,001895	0,002977	204,1	0,0021	2,6111	1,5707	lam.	0,0308
0,8586	0,0250	1,0770	0,005041	0,001877	0,002935	201,7	0,0019	2,6858	1,5636	lam.	0,0323
0,8217	0,0271	1,0747	0,005102	0,001846	0,002872	198,2	0,0018	2,7638	1,5560	lam.	0,0338
0,7818	0,0291	1,0739	0,004129	0,001686	0,002681	183,6	0,0029	2,4490	1,5901	lam.	0,0262
0,7391	0,0311	1,0886	0,004701	0,001731	0,002701	186,0	0,0020	2,7152	1,5601	lam.	0,0316
0,6941	0,0323	1,0744	0,003496	0,001526	0,002460	167,1	0,0040	2,2909	1,6119	lam.	0,0225
0,6473	0,0336	1,0948	0,004046	0,001596	0,002520	170,8	0,0028	2,5359	1,5792	lam.	0,0268
0,5990	0,0336	1,0702	0,004099	0,001562	0,002451	166,4	0,0025	2,6245	1,5694	lam.	0,0281
0,5497	0,0336	1,0654	0,004205	0,001520	0,002366	161,5	0,0021	2,7662	1,5563	lam.	0,0305
0,5000	0,0336	1,0628	0,003867	0,001420	0,002215	151,8	0,0024	2,7239	1,5601	lam.	0,0287
0,4502	0,0337	1,0691	0,003799	0,001349	0,002093	144,5	0,0022	2,8169	1,5518	lam.	0,0300
0,4010	0,0336	1,0716	0,002975	0,001190	0,001884	129,4	0,0039	2,5006	1,5835	lam.	0,0227
0,3527	0,0334	1,0876	0,003123	0,001157	0,001808	124,6	0,0031	2,6989	1,5620	lam.	0,0256
0,3058	0,0323	1,0772	0,002547	0,001023	0,001622	111,3	0,0046	2,4885	1,5849	lam.	0,0209
0,2609	0,0311	1,0873	0,002456	0,000964	0,001520	103,9	0,0045	2,5488	1,5777	lam.	0,0211
0,2182	0,0292	1,0781	0,002464	0,000906	0,001413	97,0	0,0038	2,7204	1,5602	lam.	0,0229
0,1783	0,0271	1,0716	0,002068	0,000789	0,001238	85,3	0,0050	2,6216	1,5696	lam.	0,0201
0,1414	0,0251	1,0819	0,001831	0,000690	0,001080	74,8	0,0054	2,6556	1,5663	lam.	0,0192
0,1080	0,0228	1,0843	0,001614	0,000594	0,000927	64,7	0,0058	2,7160	1,5606	lam.	0,0186
0,0784	0,0203	1,0902	0,001269	0,000477	0,000746	52,6	0,0077	2,6625	1,5656	lam.	0,0162
0,0529	0,0176	1,1048	0,001052	0,000362	0,000559	40,3	0,0070	2,9090	1,5448	lam.	0,0169
0,0318	0,0145	1,1155	0,000465	0,000197	0,000315	23,1	0,0263	2,3589	1,6019	lam.	0,0087
0,0155	0,0110	1,1724	0,000205	0,000092	0,000149	7,8	0,0912	2,2356	1,6201	lam.	0,0047
0,0042	0,0055	1,0110	0,000153	0,000068	0,000111	1,8	0,0001	2,2364	1,6200	lam.	0,1414
-0,0000	-0,0005	0,0769	0,000001	0,000000	0,000001	0,0	0,0000	2,2364	1,6200	lam.	0,0000
0,0043	-0,0061	0,8731	0,000159	0,000071	0,000115	1,7	0,0001	2,2364	1,6200	lam.	0,1414
0,0156	-0,0115	1,0768	0,000205	0,000092	0,000149	7,4	0,0968	2,2355	1,6201	lam.	0,0045
0,0319	-0,0151	1,0652	0,000446	0,000192	0,000309	20,8	0,0308	2,3189	1,6075	lam.	0,0081
0,0530	-0,0180	1,0441	0,000910	0,000345	0,000541	36,7	0,0114	2,6383	1,5678	lam.	0,0132
0,0785	-0,0209	1,0558	0,001281	0,000470	0,000733	49,1	0,0075	2,7272	1,5595	lam.	0,0163

0,1081	-0,0234	1,0510	0,001394	0,000552	0,00087	58,3	0,0083	2,5228	1,5807	lam.	0,0155
0,1414	-0,0257	1,0530	0,001753	0,000667	0,01047	70,1	0,0060	2,6268	1,5690	lam.	0,0182
0,1783	-0,0277	1,0489	0,001955	0,000759	0,01195	79,9	0,0056	2,5760	1,5744	lam.	0,0188
0,2182	-0,0296	1,0572	0,002292	0,000870	0,01365	91,3	0,0046	2,6336	1,5684	lam.	0,0209
0,2608	-0,0309	1,0445	0,002353	0,000935	0,01479	98,9	0,0050	2,5164	1,5815	lam.	0,0201
0,3058	-0,0323	1,0485	0,002949	0,001075	0,001674	112,2	0,0032	2,7447	1,5579	lam.	0,0251
0,3526	-0,0336	1,0590	0,002927	0,001136	0,001788	119,1	0,0038	2,5775	1,5743	lam.	0,0230
0,4008	-0,0342	1,0477	0,002910	0,001177	0,001868	124,7	0,0042	2,4723	1,5869	lam.	0,0219
0,4500	-0,0349	1,0597	0,003595	0,001322	0,002063	138,5	0,0027	2,7184	1,5602	lam.	0,0273
0,4997	-0,0349	1,0500	0,003308	0,001334	0,002115	141,4	0,0036	2,4803	1,5860	lam.	0,0234
0,5494	-0,0349	1,0633	0,003949	0,001467	0,002293	154,0	0,0025	2,6914	1,5627	lam.	0,0283
0,5986	-0,0339	1,0376	0,003587	0,001459	0,002319	155,2	0,0034	2,4583	1,5888	lam.	0,0242
0,6469	-0,0336	1,0630	0,005429	0,001705	0,002608	176,8	0,0010	3,1845	1,5296	lam.	0,0445
0,6937	-0,0323	1,0492	0,003801	0,001579	0,002519	167,9	0,0034	2,4077	1,5957	lam.	0,0243
0,7386	-0,0309	1,0438	0,004688	0,001736	0,002711	182,1	0,0021	2,7006	1,5617	lam.	0,0310
0,7812	-0,0297	1,0648	0,005074	0,001825	0,002838	190,5	0,0018	2,7800	1,5551	lam.	0,0335
0,8211	-0,0275	1,0396	0,004107	0,001723	0,002755	183,5	0,0032	2,3839	1,5989	lam.	0,0250
0,8580	-0,0257	1,0592	0,006032	0,001982	0,003044	205,9	0,0011	3,0436	1,5360	lam.	0,0426
0,8913	-0,0233	1,0496	0,004565	0,001851	0,002939	196,2	0,0027	2,4669	1,5882	lam.	0,0274
0,9209	-0,0208	1,0552	0,005252	0,001968	0,003080	206,5	0,0019	2,6680	1,5647	lam.	0,0322
0,9464	-0,0180	1,0570	0,004970	0,001952	0,003081	206,1	0,0023	2,5457	1,5782	lam.	0,0296
0,9675	-0,0149	1,0754	0,004960	0,001967	0,003109	207,9	0,0023	2,5220	1,5808	lam.	0,0293
0,9837	-0,0109	1,1004	0,004266	0,001860	0,002998	200,0	0,0033	2,2937	1,6121	lam.	0,0246
0,9939	-0,0043	0,7433	0,006949	0,002701	0,003590	200,8	0,0000	2,5725	1,3289	lam.	0,0000
1,0000	0,0000	0,5532	0,006949	0,002701	0,003590	149,4	0,0000	2,5725	1,3289	abgel.	0,0000

α	Re	Mach	Λ	Ca	Cw	Cm 0.25
[°]	[-]	[-]	[-]	[-]	[-]	[-]
2,000	100000	0,000	∞	0,300	0,01347	-0,020

x/l	y/l	v/V	δ_1	δ_2	δ_3	Reδ_2	C_f	H_{12}	H_{32}	Zust.	y1
[-]	[-]	[-]	[-]	[-]	[-]	[-]	[-]	[-]	[-]	[-]	[%]
1,0000	0,0000	0,5514	0,023356	0,002918	0,011758	160,9	0,0000	8,0034	4,0291	turb.	0,0000
0,9955	0,0059	1,0360	0,003345	0,002575	0,004599	310,2	0,0062	1,2990	1,7860	turb.	0,0179
0,9849	0,0113	1,2047	0,004512	0,003261	0,005688	361,8	0,0051	1,3834	1,7440	turb.	0,0198
0,9682	0,0145	1,1091	0,004473	0,003227	0,005624	357,2	0,0051	1,3862	1,7429	turb.	0,0198
0,9471	0,0175	1,1069	0,004585	0,003271	0,005679	358,6	0,0049	1,4016	1,7359	turb.	0,0201
0,9216	0,0202	1,0961	0,004412	0,003158	0,005489	347,7	0,0050	1,3970	1,7381	turb.	0,0200
0,8920	0,0228	1,1006	0,004467	0,003162	0,005474	345,2	0,0049	1,4129	1,7312	turb.	0,0202
0,8586	0,0250	1,0918	0,004357	0,003073	0,005314	335,5	0,0049	1,4177	1,7291	turb.	0,0203
0,8217	0,0271	1,0916	0,004209	0,002962	0,005117	323,8	0,0049	1,4209	1,7276	turb.	0,0202
0,7818	0,0291	1,0931	0,003794	0,002711	0,004708	301,1	0,0052	1,3997	1,7369	turb.	0,0197
0,7391	0,0311	1,1105	0,003830	0,002695	0,004655	296,1	0,0050	1,4212	1,7274	turb.	0,0200
0,6941	0,0323	1,0987	0,003319	0,002389	0,004161	268,1	0,0054	1,3890	1,7416	turb.	0,0192
0,6473	0,0336	1,1223	0,003451	0,002426	0,004191	266,9	0,0051	1,4223	1,7272	turb.	0,0198
0,5990	0,0336	1,1001	0,003324	0,002318	0,003991	254,5	0,0050	1,4342	1,7223	turb.	0,0199
0,5497	0,0336	1,0983	0,003161	0,002184	0,003749	240,0	0,0050	1,4475	1,7169	turb.	0,0200
0,5000	0,0336	1,0991	0,002882	0,001991	0,003419	220,9	0,0051	1,4474	1,7170	turb.	0,0198
0,4502	0,0337	1,1093	0,002655	0,001825	0,003129	203,7	0,0051	1,4545	1,7140	turb.	0,0198
0,4010	0,0336	1,1162	0,002275	0,001585	0,002730	180,4	0,0054	1,4350	1,7220	turb.	0,0192
0,3527	0,0334	1,1378	0,002169	0,001487	0,002545	168,3	0,0053	1,4591	1,7122	turb.	0,0194
0,3058	0,0323	1,1326	0,001876	0,001293	0,002218	148,6	0,0055	1,4510	1,7156	turb.	0,0190
0,2609	0,0311	1,1497	0,001749	0,001180	0,002010	135,4	0,0054	1,4829	1,7033	turb.	0,0193
0,2182	0,0292	1,1477	0,001641	0,001072	0,001807	123,2	0,0050	1,5313	1,6856	turb.	0,0199
0,1783	0,0271	1,1498	0,001427	0,000906	0,001515	106,2	0,0048	1,5745	1,6713	turb.	0,0203
0,1414	0,0251	1,1722	0,001329	0,000786	0,001285	93,4	0,0041	1,6920	1,6362	turb.	0,0220
0,1080	0,0228	1,1894	0,001291	0,000677	0,001073	82,1	0,0030	1,9065	1,5845	turb.	0,0256

x/l	y/l	v/V	δ_1	δ_2	δ_3	Reδ_2	C_f	H_12	H_32	Zust.	y1
0,0784	0,0203	1,2154	0,001255	0,000555	0,000845	69,7	0,0019	2,2602	1,5231	turb.	0,0326
0,0529	0,0176	1,2597	0,001194	0,000443	0,000648	57,7	0,0011	2,6937	1,4631	turb.	0,0433
0,0318	0,0145	1,3159	0,000593	0,000224	0,000351	32,9	0,0125	2,6471	1,5671	lam.	0,0127
0,0155	0,0110	1,4693	0,000225	0,000101	0,000163	15,4	0,0471	2,2320	1,6207	lam.	0,0065
0,0042	0,0055	1,4929	0,000244	0,000109	0,000176	9,6	0,0732	2,2479	1,6182	lam.	0,0052
-0,0000	-0,0005	0,8789	0,000110	0,000049	0,000079	2,4	0,0001	2,2364	1,6200	lam.	0,1414
0,0043	-0,0061	0,3993	0,000001	0,000000	0,000001	0,0	0,0000	2,2364	1,6200	lam.	0,0000
0,0156	-0,0115	0,7821	0,000121	0,000054	0,000088	2,4	0,0001	2,2364	1,6200	lam.	0,1414
0,0319	-0,0151	0,8628	0,000363	0,000161	0,000261	12,6	0,0554	2,2505	1,6178	lam.	0,0060
0,0530	-0,0180	0,8905	0,000700	0,000292	0,000467	25,2	0,0231	2,3950	1,5971	lam.	0,0093
0,0785	-0,0209	0,9293	0,001042	0,000421	0,000668	37,6	0,0139	2,4748	1,5867	lam.	0,0120
0,1081	-0,0234	0,9451	0,001205	0,000500	0,000798	46,6	0,0122	2,4088	1,5952	lam.	0,0128
0,1414	-0,0257	0,9617	0,001508	0,000606	0,000960	57,3	0,0089	2,4886	1,5849	lam.	0,0150
0,1783	-0,0277	0,9695	0,001703	0,000690	0,001094	66,3	0,0079	2,4704	1,5871	lam.	0,0159
0,2182	-0,0296	0,9865	0,001990	0,000791	0,00125	76,7	0,0064	2,5162	1,5814	lam.	0,0177
0,2608	-0,0309	0,9823	0,002096	0,000859	0,00136	84,8	0,0064	2,4406	1,5909	lam.	0,0177
0,3058	-0,0323	0,9925	0,002575	0,000987	0,00155	96,9	0,0044	2,6096	1,5706	lam.	0,0212
0,3526	-0,0336	1,0080	0,002605	0,001047	0,001659	103,9	0,0049	2,4883	1,5849	lam.	0,0202
0,4008	-0,0342	1,0021	0,002633	0,001090	0,001738	109,9	0,0051	2,4152	1,5942	lam.	0,0198
0,4500	-0,0349	1,0180	0,003201	0,001225	0,001923	122,7	0,0035	2,6141	1,5701	lam.	0,0239
0,4997	-0,0349	1,0125	0,002996	0,001238	0,001974	126,1	0,0044	2,4195	1,5938	lam.	0,0213
0,5494	-0,0349	1,0289	0,003519	0,001358	0,002136	137,5	0,0032	2,5909	1,5724	lam.	0,0250
0,5986	-0,0339	1,0071	0,003248	0,001355	0,002163	139,4	0,0041	2,3979	1,5967	lam.	0,0220
0,6469	-0,0336	1,0348	0,004570	0,001570	0,002424	158,1	0,0018	2,9119	1,5445	lam.	0,0336
0,6937	-0,0323	1,0240	0,003418	0,001460	0,002343	151,1	0,0041	2,3414	1,6047	lam.	0,0221
0,7386	-0,0309	1,0213	0,004191	0,001608	0,002526	164,7	0,0026	2,6055	1,5708	lam.	0,0276
0,7812	-0,0297	1,0444	0,004468	0,001684	0,002638	172,0	0,0024	2,6527	1,5665	lam.	0,0291
0,8211	-0,0275	1,0219	0,003669	0,001588	0,002555	166,0	0,0039	2,3107	1,6091	lam.	0,0227
0,8580	-0,0257	1,0435	0,005075	0,001811	0,002812	184,9	0,0018	2,8021	1,5523	lam.	0,0335
0,8913	-0,0233	1,0361	0,004050	0,001698	0,002715	177,2	0,0033	2,3847	1,5990	lam.	0,0246
0,9209	-0,0208	1,0437	0,004617	0,001806	0,002846	187,0	0,0025	2,5567	1,5762	lam.	0,0284
0,9464	-0,0180	1,0476	0,004387	0,001788	0,002841	186,6	0,0029	2,4540	1,5894	lam.	0,0265
0,9675	-0,0149	1,0680	0,004354	0,001795	0,002860	188,1	0,0029	2,4253	1,5929	lam.	0,0261
0,9837	-0,0109	1,0953	0,003738	0,001689	0,002743	180,4	0,0041	2,2135	1,6246	lam.	0,0222
0,9939	-0,0043	0,7430	0,006510	0,002911	0,003332	216,3	0,0000	2,2364	1,1447	lam.	0,0000
1,0000	0,0000	0,5514	0,006510	0,002911	0,003332	160,5	0,0000	2,2364	1,1447	abgel.	0,0000

α	Re	Mach	Λ	Ca	Cw	Cm 0.25
[°]	[-]	[-]	[-]	[-]	[-]	[-]
5,000	100000	0,000	∞	0,505	0,04335	-0,011

x/l	y/l	v/V	δ_1	δ_2	δ_3	Reδ_2	C_f	H_12	H_32	Zust.	y1
[-]	[-]	[-]	[-]	[-]	[-]	[-]	[-]	[-]	[-]	[-]	[%]
1,0000	0,0000	0,5475	0,000786	0,002528	0,000402	138,4	0,0000	0,3107	0,1591	abgel.	0,0000
0,9955	0,0059	1,0377	0,000786	0,002528	0,000402	262,4	0,0000	0,3107	0,1591	abgel.	0,0000
0,9849	0,0113	1,2094	0,000786	0,002528	0,000402	305,8	0,0000	0,3107	0,1591	abgel.	0,0000
0,9682	0,0145	1,1167	0,000786	0,002528	0,000402	282,4	0,0000	0,3107	0,1591	abgel.	0,0000
0,9471	0,0175	1,1175	0,000786	0,002528	0,000402	282,6	0,0000	0,3107	0,1591	abgel.	0,0000
0,9216	0,0202	1,1096	0,000786	0,002528	0,000402	280,5	0,0000	0,3107	0,1591	abgel.	0,0000
0,8920	0,0228	1,1172	0,000786	0,002528	0,000402	282,5	0,0000	0,3107	0,1591	abgel.	0,0000
0,8586	0,0250	1,1114	0,000786	0,002528	0,000402	281,0	0,0000	0,3107	0,1591	abgel.	0,0000
0,8217	0,0271	1,1146	0,000786	0,002528	0,000402	281,8	0,0000	0,3107	0,1591	abgel.	0,0000
0,7818	0,0291	1,1194	0,000786	0,002528	0,000402	283,0	0,0000	0,3107	0,1591	abgel.	0,0000
0,7391	0,0311	1,1409	0,000786	0,002528	0,000402	288,5	0,0000	0,3107	0,1591	abgel.	0,0000
0,6941	0,0323	1,1326	0,000786	0,002528	0,000402	286,4	0,0000	0,3107	0,1591	abgel.	0,0000
0,6473	0,0336	1,1610	0,000786	0,002528	0,000402	293,6	0,0000	0,3107	0,1591	abgel.	0,0000

0,5990	0,0336	1,1424	0,000786	0,002528	0,000402	288,8	0,0000	0,3107	0,1591	abgel. 0,0000
0,5497	0,0336	1,1452	0,000786	0,002528	0,000402	289,5	0,0000	0,3107	0,1591	abgel. 0,0000
0,5000	0,0336	1,1509	0,000786	0,002528	0,000402	291,0	0,0000	0,3107	0,1591	abgel. 0,0000
0,4502	0,0337	1,1672	0,000786	0,002528	0,000402	295,1	0,0000	0,3107	0,1591	abgel. 0,0000
0,4010	0,0336	1,1806	0,000786	0,002528	0,000402	298,5	0,0000	0,3107	0,1591	abgel. 0,0000
0,3527	0,0334	1,2105	0,000786	0,002528	0,000402	306,1	0,0000	0,3107	0,1591	abgel. 0,0000
0,3058	0,0323	1,2130	0,000786	0,002528	0,000402	306,7	0,0000	0,3107	0,1591	abgel. 0,0000
0,2609	0,0311	1,2407	0,000786	0,002528	0,000402	313,7	0,0000	0,3107	0,1591	abgel. 0,0000
0,2182	0,0292	1,2493	0,000786	0,002528	0,000402	315,9	0,0000	0,3107	0,1591	abgel. 0,0000
0,1783	0,0271	1,2645	0,000786	0,002528	0,000402	319,7	0,0000	0,3107	0,1591	abgel. 0,0000
0,1414	0,0251	1,3050	0,000786	0,002528	0,000402	329,9	0,0000	0,3107	0,1591	abgel. 0,0000
0,1080	0,0228	1,3442	0,000786	0,002528	0,000402	339,9	0,0000	0,3107	0,1591	abgel. 0,0000
0,0784	0,0203	1,4003	0,000786	0,002528	0,000402	354,0	0,0000	0,3107	0,1591	abgel. 0,0000
0,0529	0,0176	1,4892	0,000786	0,002528	0,000402	376,5	0,0000	0,3107	0,1591	abgel. 0,0000
0,0318	0,0145	1,6135	0,000786	0,002528	0,000402	407,9	0,0000	0,3107	0,1591	abgel. 0,0000
0,0155	0,0110	1,9113	0,000786	0,002528	0,000402	483,2	0,0000	0,3107	0,1591	lam. 0,0000
0,0042	0,0055	2,2121	0,000202	0,000090	0,000146	11,1	0,0634	2,2453	1,6186	lam. 0,0056
-0,0000	-0,0005	2,0796	0,000094	0,000042	0,000068	2,8	0,0001	2,2364	1,6200	lam. 0,1414
0,0043	-0,0061	0,3120	0,000001	0,000000	0,000001	0,0	0,0000	2,2364	1,6200	lam. 0,0000
0,0156	-0,0115	0,3385	0,000145	0,000065	0,000105	2,0	0,0001	2,2364	1,6200	lam. 0,1414
0,0319	-0,0151	0,5573	0,000869	0,000354	0,000562	12,0	0,0443	2,4576	1,5887	lam. 0,0067
0,0530	-0,0180	0,6582	0,000581	0,000262	0,000425	14,6	0,0502	2,2166	1,6231	lam. 0,0063
0,0785	-0,0209	0,7375	0,000839	0,000363	0,000584	23,9	0,0272	2,3123	1,6087	lam. 0,0086
0,1081	-0,0234	0,7841	0,001028	0,000443	0,000713	32,9	0,0195	2,3178	1,6078	lam. 0,0101
0,1414	-0,0257	0,8227	0,001282	0,000539	0,000863	42,4	0,0140	2,3757	1,5996	lam. 0,0119
0,1783	-0,0277	0,8482	0,001475	0,000619	0,000990	51,0	0,0116	2,3806	1,5989	lam. 0,0131
0,2182	-0,0296	0,8783	0,001732	0,000717	0,001143	60,9	0,0092	2,4166	1,5941	lam. 0,0147
0,2608	-0,0309	0,8868	0,001850	0,000779	0,001245	68,4	0,0087	2,3760	1,5995	lam. 0,0152
0,3058	-0,0323	0,9062	0,002241	0,000898	0,001422	79,6	0,0063	2,4960	1,5839	lam. 0,0178
0,3526	-0,0336	0,9293	0,002298	0,000954	0,001522	86,5	0,0066	2,4090	1,5951	lam. 0,0175
0,4008	-0,0342	0,9315	0,002364	0,001000	0,001601	92,9	0,0065	2,3638	1,6012	lam. 0,0176
0,4500	-0,0349	0,9530	0,002823	0,001120	0,001771	104,4	0,0047	2,5196	1,5809	lam. 0,0207
0,4997	-0,0349	0,9540	0,002684	0,001137	0,001820	108,4	0,0056	2,3617	1,6015	lam. 0,0190
0,5494	-0,0349	0,9749	0,003124	0,001245	0,001970	118,8	0,0042	2,5092	1,5821	lam. 0,0219
0,5986	-0,0339	0,9591	0,002916	0,001245	0,001997	121,4	0,0051	2,3431	1,6041	lam. 0,0198
0,6469	-0,0336	0,9901	0,003898	0,001429	0,002227	137,0	0,0027	2,7286	1,5591	lam. 0,0274
0,6937	-0,0323	0,9840	0,003035	0,001333	0,002151	132,1	0,0051	2,2773	1,6140	lam. 0,0198
0,7386	-0,0309	0,9853	0,003677	0,001463	0,002313	144,0	0,0034	2,5133	1,5814	lam. 0,0242
0,7812	-0,0297	1,0113	0,003878	0,001530	0,002416	150,7	0,0032	2,5351	1,5791	lam. 0,0251
0,8211	-0,0275	0,9931	0,003285	0,001449	0,002342	146,6	0,0047	2,2660	1,6157	lam. 0,0207
0,8580	-0,0257	1,0174	0,004397	0,001644	0,002570	163,2	0,0024	2,6746	1,5637	lam. 0,0288
0,8913	-0,0233	1,0135	0,003539	0,001536	0,002473	156,3	0,0042	2,3043	1,6102	lam. 0,0219
0,9209	-0,0208	1,0241	0,003994	0,001627	0,002585	164,9	0,0032	2,4546	1,5887	lam. 0,0249
0,9464	-0,0180	1,0312	0,003788	0,001606	0,002573	164,5	0,0037	2,3590	1,6021	lam. 0,0233
0,9675	-0,0149	1,0546	0,003743	0,001606	0,002580	165,6	0,0038	2,3300	1,6060	lam. 0,0229
0,9837	-0,0109	1,0852	0,003238	0,001507	0,002464	158,9	0,0050	2,1491	1,6356	lam. 0,0199
0,9939	-0,0043	0,7408	0,005821	0,002578	0,003018	191,0	0,0000	2,2577	1,1706	lam. 0,0000
1,0000	0,0000	0,5475	0,005821	0,002578	0,003018	141,2	0,0000	2,2577	1,1706	abgel. 0,0000

α	Re	Mach	Λ	Ca	Cw	Cm 0.25
[°]	[-]	[-]	[-]	[-]	[-]	[-]
8,000	100000	0,000	∞	0,652	0,07164	-0,011

x/l	y/l	v/V	δ_1	δ_2	δ_3	$Re\delta_2$	C_f	H_12	H_32	Zust.	y1
[-]	[-]	[-]	[-]	[-]	[-]	[-]	[-]	[-]	[-]	[-]	[%]
1,0000	0,0000	0,5420	0,000555	0,008031	0,000292	435,3	0,0000	0,0691	0,0363	abgel.	0,0000
0,9955	0,0059	1,0366	0,000555	0,008031	0,000292	832,6	0,0000	0,0691	0,0363	abgel.	0,0000
0,9849	0,0113	1,2107	0,000555	0,008031	0,000292	972,4	0,0000	0,0691	0,0363	abgel.	0,0000
0,9682	0,0145	1,1213	0,000555	0,008031	0,000292	900,6	0,0000	0,0691	0,0363	abgel.	0,0000
0,9471	0,0175	1,1250	0,000555	0,008031	0,000292	903,6	0,0000	0,0691	0,0363	abgel.	0,0000
0,9216	0,0202	1,1200	0,000555	0,008031	0,000292	899,5	0,0000	0,0691	0,0363	abgel.	0,0000
0,8920	0,0228	1,1308	0,000555	0,008031	0,000292	908,2	0,0000	0,0691	0,0363	abgel.	0,0000
0,8586	0,0250	1,1281	0,000555	0,008031	0,000292	906,0	0,0000	0,0691	0,0363	abgel.	0,0000
0,8217	0,0271	1,1344	0,000555	0,008031	0,000292	911,1	0,0000	0,0691	0,0363	abgel.	0,0000
0,7818	0,0291	1,1427	0,000555	0,008031	0,000292	917,7	0,0000	0,0691	0,0363	abgel.	0,0000
0,7391	0,0311	1,1682	0,000555	0,008031	0,000292	938,2	0,0000	0,0691	0,0363	abgel.	0,0000
0,6941	0,0323	1,1633	0,000555	0,008031	0,000292	934,3	0,0000	0,0691	0,0363	abgel.	0,0000
0,6473	0,0336	1,1966	0,000555	0,008031	0,000292	961,0	0,0000	0,0691	0,0363	abgel.	0,0000
0,5990	0,0336	1,1816	0,000555	0,008031	0,000292	949,0	0,0000	0,0691	0,0363	abgel.	0,0000
0,5497	0,0336	1,1889	0,000555	0,008031	0,000292	954,8	0,0000	0,0691	0,0363	abgel.	0,0000
0,5000	0,0336	1,1997	0,000555	0,008031	0,000292	963,5	0,0000	0,0691	0,0363	abgel.	0,0000
0,4502	0,0337	1,2219	0,000555	0,008031	0,000292	981,4	0,0000	0,0691	0,0363	abgel.	0,0000
0,4010	0,0336	1,2418	0,000555	0,008031	0,000292	997,3	0,0000	0,0691	0,0363	abgel.	0,0000
0,3527	0,0334	1,2799	0,000555	0,008031	0,000292	1028,0	0,0000	0,0691	0,0363	abgel.	0,0000
0,3058	0,0323	1,2901	0,000555	0,008031	0,000292	1036,1	0,0000	0,0691	0,0363	abgel.	0,0000
0,2609	0,0311	1,3282	0,000555	0,008031	0,000292	1066,7	0,0000	0,0691	0,0363	abgel.	0,0000
0,2182	0,0292	1,3475	0,000555	0,008031	0,000292	1082,3	0,0000	0,0691	0,0363	abgel.	0,0000
0,1783	0,0271	1,3757	0,000555	0,008031	0,000292	1104,9	0,0000	0,0691	0,0363	abgel.	0,0000
0,1414	0,0251	1,4341	0,000555	0,008031	0,000292	1151,8	0,0000	0,0691	0,0363	abgel.	0,0000
0,1080	0,0228	1,4954	0,000555	0,008031	0,000292	1201,1	0,0000	0,0691	0,0363	abgel.	0,0000
0,0784	0,0203	1,5814	0,000555	0,008031	0,000292	1270,1	0,0000	0,0691	0,0363	abgel.	0,0000
0,0529	0,0176	1,7147	0,000555	0,008031	0,000292	1377,1	0,0000	0,0691	0,0363	abgel.	0,0000
0,0318	0,0145	1,9067	0,000555	0,008031	0,000292	1531,3	0,0000	0,0691	0,0363	abgel.	0,0000
0,0155	0,0110	2,3480	0,000555	0,008031	0,000292	1885,8	0,0000	0,0691	0,0363	turb.	0,0000
0,0042	0,0055	2,9253	0,000207	0,000093	0,000151	16,1	0,0453	2,2278	1,6212	lam.	0,0066
-0,0000	-0,0005	3,2746	0,000240	0,000107	0,000174	11,0	0,0651	2,2353	1,6202	lam.	0,0055
0,0043	-0,0061	1,0225	0,000173	0,000077	0,000125	1,7	0,0001	2,2364	1,6200	lam.	0,1414
0,0156	-0,0115	0,1060	0,000001	0,000000	0,000001	0,0	0,0000	2,2364	1,6200	lam.	0,0000
0,0319	-0,0151	0,2503	0,000232	0,000104	0,000168	1,2	0,0001	2,2364	1,6200	lam.	0,1414
0,0530	-0,0180	0,4241	0,000691	0,000309	0,000500	7,7	0,0917	2,2414	1,6192	lam.	0,0047
0,0785	-0,0209	0,5436	0,000716	0,000320	0,000519	13,6	0,0528	2,2368	1,6199	lam.	0,0062
0,1081	-0,0234	0,6210	0,000905	0,000398	0,000643	21,7	0,0317	2,2704	1,6148	lam.	0,0079
0,1414	-0,0257	0,6814	0,001134	0,000491	0,000790	30,5	0,0213	2,3101	1,6089	lam.	0,0097
0,1783	-0,0277	0,7247	0,001328	0,000572	0,000918	38,9	0,0164	2,3233	1,6070	lam.	0,0111
0,2182	-0,0296	0,7677	0,001559	0,000663	0,001062	48,1	0,0127	2,3524	1,6028	lam.	0,0125
0,2608	-0,0309	0,7888	0,001688	0,000723	0,001161	55,5	0,0113	2,3333	1,6055	lam.	0,0133
0,3058	-0,0323	0,8174	0,002014	0,000832	0,001326	65,7	0,0085	2,4196	1,5936	lam.	0,0153
0,3526	-0,0336	0,8480	0,002094	0,000888	0,001422	72,6	0,0084	2,3592	1,6018	lam.	0,0155
0,4008	-0,0342	0,8583	0,002175	0,000933	0,001498	79,1	0,0079	2,3317	1,6057	lam.	0,0159
0,4500	-0,0349	0,8855	0,002560	0,001043	0,001657	89,5	0,0060	2,4548	1,5890	lam.	0,0183
0,4997	-0,0349	0,8928	0,002467	0,001061	0,001704	94,0	0,0067	2,3256	1,6066	lam.	0,0172
0,5494	-0,0349	0,9182	0,002845	0,001160	0,001843	103,5	0,0052	2,4529	1,5892	lam.	0,0197
0,5986	-0,0339	0,9085	0,002684	0,001161	0,001868	106,6	0,0060	2,3121	1,6086	lam.	0,0182
0,6469	-0,0336	0,9427	0,003503	0,001330	0,002086	120,9	0,0035	2,6333	1,5681	lam.	0,0241
0,6937	-0,0323	0,9413	0,002800	0,001245	0,002015	117,4	0,0060	2,2489	1,6183	lam.	0,0183
0,7386	-0,0309	0,9466	0,003373	0,001366	0,002168	128,6	0,0041	2,4690	1,5870	lam.	0,0222
0,7812	-0,0297	0,9755	0,003510	0,001422	0,002258	134,6	0,0039	2,4678	1,5874	lam.	0,0227
0,8211	-0,0275	0,9615	0,002999	0,001346	0,002183	131,5	0,0055	2,2277	1,6217	lam.	0,0191
0,8580	-0,0257	0,9885	0,003892	0,001513	0,002382	145,5	0,0031	2,5714	1,5741	lam.	0,0253
0,8913	-0,0233	0,9882	0,003184	0,001414	0,002287	139,7	0,0050	2,2526	1,6179	lam.	0,0200
0,9209	-0,0208	1,0018	0,003570	0,001493	0,002384	147,5	0,0039	2,3912	1,5970	lam.	0,0225
0,9464	-0,0180	1,0119	0,003380	0,001469	0,002366	147,2	0,0044	2,3007	1,6104	lam.	0,0212
0,9675	-0,0149	1,0382	0,003325	0,001464	0,002363	148,2	0,0046	2,2715	1,6146	lam.	0,0209
0,9837	-0,0109	1,0721	0,002913	0,001375	0,002256	142,7	0,0058	2,1192	1,6411	lam.	0,0185
0,9939	-0,0043	0,7366	0,005438	0,002354	0,002785	173,4	0,0000	2,3105	1,1832	lam.	0,0000

1,0000	0,0000	0,5420	0,005438	0,002354	0,002785	127,6	0,0000	2,3105	1,1832	abgel.	0,0000

α	Re	Mach	Λ	Ca	Cw	Cm 0.25
[°]	[-]	[-]	[-]	[-]	[-]	[-]
10,000	100000	0,000	∞	0,619	0,10800	-0,011

x/l	y/l	v/V	δ_1	δ_2	δ_3	$Re\delta_2$	C_f	H_{12}	H_{32}	Zust.	y1
[-]	[-]	[-]	[-]	[-]	[-]	[-]	[-]	[-]	[-]	[-]	[%]
1,0000	0,0000	0,5376	0,000440	0,016529	0,000227	888,6	0,0000	0,0266	0,0138	abgel.	0,0000
0,9955	0,0059	1,0343	0,000440	0,016529	0,000227	1709,6	0,0000	0,0266	0,0138	abgel.	0,0000
0,9849	0,0113	1,2098	0,000440	0,016529	0,000227	1999,6	0,0000	0,0266	0,0138	abgel.	0,0000
0,9682	0,0145	1,1226	0,000440	0,016529	0,000227	1855,5	0,0000	0,0266	0,0138	abgel.	0,0000
0,9471	0,0175	1,1283	0,000440	0,016529	0,000227	1865,0	0,0000	0,0266	0,0138	abgel.	0,0000
0,9216	0,0202	1,1253	0,000440	0,016529	0,000227	1859,9	0,0000	0,0266	0,0138	abgel.	0,0000
0,8920	0,0228	1,1381	0,000440	0,016529	0,000227	1881,2	0,0000	0,0266	0,0138	abgel.	0,0000
0,8586	0,0250	1,1374	0,000440	0,016529	0,000227	1880,0	0,0000	0,0266	0,0138	abgel.	0,0000
0,8217	0,0271	1,1459	0,000440	0,016529	0,000227	1894,1	0,0000	0,0266	0,0138	abgel.	0,0000
0,7818	0,0291	1,1564	0,000440	0,016529	0,000227	1911,4	0,0000	0,0266	0,0138	abgel.	0,0000
0,7391	0,0311	1,1846	0,000440	0,016529	0,000227	1957,9	0,0000	0,0266	0,0138	abgel.	0,0000
0,6941	0,0323	1,1821	0,000440	0,016529	0,000227	1953,8	0,0000	0,0266	0,0138	abgel.	0,0000
0,6473	0,0336	1,2185	0,000440	0,016529	0,000227	2013,9	0,0000	0,0266	0,0138	abgel.	0,0000
0,5990	0,0336	1,2059	0,000440	0,016529	0,000227	1993,1	0,0000	0,0266	0,0138	abgel.	0,0000
0,5497	0,0336	1,2162	0,000440	0,016529	0,000227	2010,2	0,0000	0,0266	0,0138	abgel.	0,0000
0,5000	0,0336	1,2303	0,000440	0,016529	0,000227	2033,5	0,0000	0,0266	0,0138	abgel.	0,0000
0,4502	0,0337	1,2565	0,000440	0,016529	0,000227	2076,8	0,0000	0,0266	0,0138	abgel.	0,0000
0,4010	0,0336	1,2806	0,000440	0,016529	0,000227	2116,7	0,0000	0,0266	0,0138	abgel.	0,0000
0,3527	0,0334	1,3242	0,000440	0,016529	0,000227	2188,8	0,0000	0,0266	0,0138	abgel.	0,0000
0,3058	0,0323	1,3395	0,000440	0,016529	0,000227	2214,0	0,0000	0,0266	0,0138	abgel.	0,0000
0,2609	0,0311	1,3845	0,000440	0,016529	0,000227	2288,4	0,0000	0,0266	0,0138	abgel.	0,0000
0,2182	0,0292	1,4110	0,000440	0,016529	0,000227	2332,2	0,0000	0,0266	0,0138	abgel.	0,0000
0,1783	0,0271	1,4477	0,000440	0,016529	0,000227	2392,9	0,0000	0,0266	0,0138	abgel.	0,0000
0,1414	0,0251	1,5181	0,000440	0,016529	0,000227	2509,2	0,0000	0,0266	0,0138	abgel.	0,0000
0,1080	0,0228	1,5940	0,000440	0,016529	0,000227	2634,6	0,0000	0,0266	0,0138	abgel.	0,0000
0,0784	0,0203	1,6998	0,000440	0,016529	0,000227	2809,5	0,0000	0,0266	0,0138	abgel.	0,0000
0,0529	0,0176	1,8624	0,000440	0,016529	0,000227	3078,2	0,0000	0,0266	0,0138	abgel.	0,0000
0,0318	0,0145	2,0992	0,000440	0,016529	0,000227	3469,7	0,0000	0,0266	0,0138	abgel.	0,0000
0,0155	0,0110	2,6356	0,000440	0,016529	0,000227	4356,2	0,0000	0,0266	0,0138	abgel.	0,0000
0,0042	0,0055	3,3965	0,000440	0,016529	0,000227	5613,9	0,0000	0,0266	0,0138	lam.	0,0000
-0,0000	-0,0005	4,0665	0,000220	0,000098	0,000160	14,8	0,0485	2,2339	1,6204	lam.	0,0064
0,0043	-0,0061	1,4947	0,000443	0,000198	0,000321	8,0	0,0895	2,2353	1,6202	lam.	0,0047
0,0156	-0,0115	0,4023	0,000287	0,000128	0,000208	1,0	0,0001	2,2364	1,6200	lam.	0,1414
0,0319	-0,0151	0,0452	0,000001	0,000000	0,000001	0,0	0,0000	2,2364	1,6200	lam.	0,0000
0,0530	-0,0180	0,2673	0,000324	0,000145	0,000234	0,9	0,0001	2,2364	1,6200	lam.	0,1414
0,0785	-0,0209	0,4135	0,000635	0,000284	0,000460	7,6	0,0940	2,2353	1,6201	lam.	0,0046
0,1081	-0,0234	0,5113	0,000843	0,000375	0,000607	15,7	0,0449	2,2489	1,6181	lam.	0,0067
0,1414	-0,0257	0,5861	0,001059	0,000464	0,000749	23,7	0,0285	2,2804	1,6133	lam.	0,0084
0,1783	-0,0277	0,6412	0,001251	0,000545	0,000877	31,9	0,0207	2,2962	1,6109	lam.	0,0098
0,2182	-0,0296	0,6927	0,001469	0,000633	0,001017	40,7	0,0157	2,3212	1,6072	lam.	0,0113
0,2608	-0,0309	0,7223	0,001602	0,000693	0,001114	48,0	0,0135	2,3122	1,6085	lam.	0,0122
0,3058	-0,0323	0,7570	0,001896	0,000796	0,001273	57,6	0,0102	2,3810	1,5988	lam.	0,0140
0,3526	-0,0336	0,7925	0,001988	0,000851	0,001366	64,4	0,0097	2,3354	1,6051	lam.	0,0144
0,4008	-0,0342	0,8082	0,002076	0,000896	0,001441	71,0	0,0090	2,3158	1,6080	lam.	0,0149
0,4500	-0,0349	0,8391	0,002420	0,001000	0,001593	80,9	0,0069	2,4204	1,5935	lam.	0,0170
0,4997	-0,0349	0,8506	0,002353	0,001019	0,001640	85,6	0,0076	2,3087	1,6090	lam.	0,0163
0,5494	-0,0349	0,8790	0,002697	0,001113	0,001773	94,7	0,0059	2,4233	1,5931	lam.	0,0185
0,5986	-0,0339	0,8734	0,002561	0,001115	0,001796	98,0	0,0067	2,2964	1,6108	lam.	0,0173
0,6469	-0,0336	0,9096	0,003284	0,001273	0,002004	111,2	0,0040	2,5787	1,5737	lam.	0,0223
0,6937	-0,0323	0,9114	0,002666	0,001194	0,001935	108,6	0,0066	2,2331	1,6208	lam.	0,0174
0,7386	-0,0309	0,9193	0,003194	0,001308	0,002080	119,2	0,0045	2,4424	1,5904	lam.	0,0210
0,7812	-0,0297	0,9501	0,003304	0,001359	0,002163	124,9	0,0044	2,4319	1,5920	lam.	0,0213

x/l	y/l	v/V	δ_1	δ_2	δ_3	Reδ_2	C_f	H_12	H_32	Zust.	y1
0,8211	-0,0275	0,9390	0,002856	0,001289	0,002093	122,5	0,0060	2,2161	1,6235	lam.	0,0183
0,8580	-0,0257	0,9678	0,003694	0,001450	0,002286	136,1	0,0034	2,5482	1,5770	lam.	0,0241
0,8913	-0,0233	0,9697	0,003019	0,001351	0,002190	130,8	0,0055	2,2338	1,6209	lam.	0,0191
0,9209	-0,0208	0,9853	0,003365	0,001423	0,002278	138,0	0,0044	2,3643	1,6007	lam.	0,0214
0,9464	-0,0180	0,9975	0,003178	0,001397	0,002255	137,7	0,0049	2,2744	1,6143	lam.	0,0202
0,9675	-0,0149	1,0258	0,003119	0,001389	0,002247	138,5	0,0051	2,2464	1,6185	lam.	0,0199
0,9837	-0,0109	1,0618	0,002715	0,001296	0,002132	132,9	0,0065	2,0957	1,6456	lam.	0,0176
0,9939	-0,0043	0,7327	0,004996	0,002221	0,002618	162,8	0,0000	2,2493	1,1788	lam.	0,0000
1,0000	0,0000	0,5376	0,004996	0,002221	0,002618	119,4	0,0000	2,2493	1,1788	abgel.	0,0000

α	Re	Mach	Λ	Ca	Cw	Cm 0.25
[°]	[-]	[-]	[-]	[-]	[-]	[-]
12,000	100000	0,000	∞	0,518	0,15479	-0,012

x/l	y/l	v/V	δ_1	δ_2	δ_3	Reδ_2	C_f	H_12	H_32	Zust.	y1
[-]	[-]	[-]	[-]	[-]	[-]	[-]	[-]	[-]	[-]	[-]	[%]
1,0000	0,0000	0,5325	0,000429	0,028016	0,000222	1491,8	0,0000	0,0153	0,0079	abgel.	0,0000
0,9955	0,0059	1,0308	0,000429	0,028016	0,000222	2887,8	0,0000	0,0153	0,0079	abgel.	0,0000
0,9849	0,0113	1,2074	0,000429	0,028016	0,000222	3382,6	0,0000	0,0153	0,0079	abgel.	0,0000
0,9682	0,0145	1,1226	0,000429	0,028016	0,000222	3145,0	0,0000	0,0153	0,0079	abgel.	0,0000
0,9471	0,0175	1,1303	0,000429	0,028016	0,000222	3166,5	0,0000	0,0153	0,0079	abgel.	0,0000
0,9216	0,0202	1,1292	0,000429	0,028016	0,000222	3163,5	0,0000	0,0153	0,0079	abgel.	0,0000
0,8920	0,0228	1,1441	0,000429	0,028016	0,000222	3205,2	0,0000	0,0153	0,0079	abgel.	0,0000
0,8586	0,0250	1,1454	0,000429	0,028016	0,000222	3208,9	0,0000	0,0153	0,0079	abgel.	0,0000
0,8217	0,0271	1,1560	0,000429	0,028016	0,000222	3238,8	0,0000	0,0153	0,0079	abgel.	0,0000
0,7818	0,0291	1,1688	0,000429	0,028016	0,000222	3274,5	0,0000	0,0153	0,0079	abgel.	0,0000
0,7391	0,0311	1,1995	0,000429	0,028016	0,000222	3360,5	0,0000	0,0153	0,0079	abgel.	0,0000
0,6941	0,0323	1,1994	0,000429	0,028016	0,000222	3360,1	0,0000	0,0153	0,0079	abgel.	0,0000
0,6473	0,0336	1,2388	0,000429	0,028016	0,000222	3470,7	0,0000	0,0153	0,0079	abgel.	0,0000
0,5990	0,0336	1,2287	0,000429	0,028016	0,000222	3442,4	0,0000	0,0153	0,0079	abgel.	0,0000
0,5497	0,0336	1,2421	0,000429	0,028016	0,000222	3479,7	0,0000	0,0153	0,0079	abgel.	0,0000
0,5000	0,0336	1,2595	0,000429	0,028016	0,000222	3528,5	0,0000	0,0153	0,0079	abgel.	0,0000
0,4502	0,0337	1,2896	0,000429	0,028016	0,000222	3612,8	0,0000	0,0153	0,0079	abgel.	0,0000
0,4010	0,0336	1,3180	0,000429	0,028016	0,000222	3692,4	0,0000	0,0153	0,0079	abgel.	0,0000
0,3527	0,0334	1,3670	0,000429	0,028016	0,000222	3829,7	0,0000	0,0153	0,0079	abgel.	0,0000
0,3058	0,0323	1,3873	0,000429	0,028016	0,000222	3886,6	0,0000	0,0153	0,0079	abgel.	0,0000
0,2609	0,0311	1,4392	0,000429	0,028016	0,000222	4032,0	0,0000	0,0153	0,0079	abgel.	0,0000
0,2182	0,0292	1,4727	0,000429	0,028016	0,000222	4126,0	0,0000	0,0153	0,0079	abgel.	0,0000
0,1783	0,0271	1,5180	0,000429	0,028016	0,000222	4252,8	0,0000	0,0153	0,0079	abgel.	0,0000
0,1414	0,0251	1,6002	0,000429	0,028016	0,000222	4483,0	0,0000	0,0153	0,0079	abgel.	0,0000
0,1080	0,0228	1,6906	0,000429	0,028016	0,000222	4736,3	0,0000	0,0153	0,0079	abgel.	0,0000
0,0784	0,0203	1,8161	0,000429	0,028016	0,000222	5087,9	0,0000	0,0153	0,0079	abgel.	0,0000
0,0529	0,0176	2,0078	0,000429	0,028016	0,000222	5625,0	0,0000	0,0153	0,0079	abgel.	0,0000
0,0318	0,0145	2,2893	0,000429	0,028016	0,000222	6413,6	0,0000	0,0153	0,0079	abgel.	0,0000
0,0155	0,0110	2,9200	0,000429	0,028016	0,000222	8180,6	0,0000	0,0153	0,0079	abgel.	0,0000
0,0042	0,0055	3,8635	0,000429	0,028016	0,000222	10823,8	0,0000	0,0153	0,0079	lam.	0,0000
-0,0000	-0,0005	4,8535	0,000206	0,000092	0,000150	18,1	0,0397	2,2315	1,6208	lam.	0,0071
0,0043	-0,0061	1,9651	0,000362	0,000162	0,000263	11,3	0,0631	2,2332	1,6205	lam.	0,0056
0,0156	-0,0115	0,6980	0,001247	0,000546	0,000880	8,7	0,0765	2,2846	1,6125	lam.	0,0051
0,0319	-0,0151	0,1599	0,000229	0,000103	0,000166	1,2	0,0001	2,2364	1,6200	lam.	0,1414
0,0530	-0,0180	0,1103	0,000001	0,000000	0,000001	0,0	0,0000	2,2364	1,6200	lam.	0,0000
0,0785	-0,0209	0,2829	0,000230	0,000103	0,000166	1,2	0,0001	2,2364	1,6200	lam.	0,1414
0,1081	-0,0234	0,4010	0,000787	0,000351	0,000569	9,9	0,0714	2,2389	1,6196	lam.	0,0053
0,1414	-0,0257	0,4901	0,001002	0,000445	0,000719	18,1	0,0388	2,2543	1,6173	lam.	0,0072
0,1783	-0,0277	0,5569	0,001187	0,000522	0,000843	25,8	0,0264	2,2737	1,6143	lam.	0,0087
0,2182	-0,0296	0,6169	0,001387	0,000603	0,000971	33,6	0,0196	2,2991	1,6105	lam.	0,0101
0,2608	-0,0309	0,6549	0,001529	0,000666	0,001073	41,1	0,0161	2,2950	1,6111	lam.	0,0112
0,3058	-0,0323	0,6957	0,001798	0,000765	0,001227	50,2	0,0122	2,3493	1,6032	lam.	0,0128
0,3526	-0,0336	0,7361	0,001899	0,000820	0,001318	57,0	0,0113	2,3164	1,6079	lam.	0,0133
0,4008	-0,0342	0,7571	0,001990	0,000864	0,001391	63,6	0,0103	2,3027	1,6099	lam.	0,0140

0,4500	-0,0349	0,7917	0,002302	0,000963	0,001538	73,0	0,0080	2,3911	1,5974	lam.	0,0158
0,4997	-0,0349	0,8074	0,002256	0,000983	0,001583	77,9	0,0085	2,2955	1,6109	lam.	0,0154
0,5494	-0,0349	0,8388	0,002570	0,001072	0,001711	86,5	0,0066	2,3981	1,5964	lam.	0,0173
0,5986	-0,0339	0,8372	0,002455	0,001075	0,001734	90,3	0,0074	2,2833	1,6128	lam.	0,0164
0,6469	-0,0336	0,8754	0,003104	0,001224	0,001932	102,5	0,0047	2,5364	1,5788	lam.	0,0207
0,6937	-0,0323	0,8804	0,002555	0,001150	0,001866	100,8	0,0072	2,2218	1,6225	lam.	0,0167
0,7386	-0,0309	0,8909	0,003032	0,001254	0,001999	110,4	0,0051	2,4170	1,5937	lam.	0,0198
0,7812	-0,0297	0,9236	0,003125	0,001301	0,002077	116,0	0,0049	2,4017	1,5960	lam.	0,0201
0,8211	-0,0275	0,9153	0,002724	0,001235	0,002008	114,1	0,0065	2,2050	1,6253	lam.	0,0175
0,8580	-0,0257	0,9459	0,003488	0,001386	0,002190	126,8	0,0039	2,5174	1,5807	lam.	0,0228
0,8913	-0,0233	0,9501	0,002848	0,001288	0,002092	122,0	0,0060	2,2112	1,6245	lam.	0,0182
0,9209	-0,0208	0,9677	0,003148	0,001350	0,002167	128,2	0,0049	2,3321	1,6053	lam.	0,0202
0,9464	-0,0180	0,9819	0,002967	0,001322	0,002139	128,0	0,0055	2,2450	1,6188	lam.	0,0191
0,9675	-0,0149	1,0120	0,002920	0,001312	0,002129	128,9	0,0056	2,2246	1,6220	lam.	0,0189
0,9837	-0,0109	1,0502	0,002550	0,001223	0,002015	123,8	0,0071	2,0847	1,6478	lam.	0,0168
0,9939	-0,0043	0,7279	0,004831	0,002110	0,002502	153,6	0,0000	2,2897	1,1858	lam.	0,0000
1,0000	0,0000	0,5325	0,004831	0,002110	0,002502	112,3	0,0000	2,2897	1,1858	abgel.	0,0000

α	Ca	Cw	Cm 0.25	T.U.	T.L.	S.U.	S.L.	GZ	N.P.	D.P.
[°]	[-]	[-]	[-]	[-]	[-]	[-]	[-]	[-]	[-]	[-]
-49,0	-0,017	0,85844	0,026	0,501	0,005	0,502	0,037	-0,020	0,015	1,730
-48,0	-0,018	0,84477	0,025	0,501	0,005	0,502	0,036	-0,022	0,029	1,652
-47,0	-0,019	0,80965	0,025	0,502	0,005	0,503	0,035	-0,024	-0,040	1,575
-46,0	-0,020	0,77121	0,025	0,502	0,005	0,503	0,034	-0,026	-0,073	1,492
-45,0	-0,021	0,75512	0,025	0,501	0,004	0,502	0,033	-0,028	-0,082	1,415
-44,0	-0,022	0,79074	0,024	0,500	0,004	0,500	0,032	-0,028	1,394	1,334
-43,0	-0,024	0,73619	0,027	0,992	0,004	1,000	0,032	-0,032	1,315	1,413
-42,0	-0,025	0,71650	0,027	0,992	0,004	1,000	0,031	-0,035	-0,020	1,332
-41,0	-0,027	0,69896	0,027	0,992	0,004	1,000	0,031	-0,038	-0,036	1,253
-40,0	-0,028	0,66963	0,026	0,992	0,003	1,000	0,030	-0,042	-0,028	1,175
-39,0	-0,030	0,65329	0,026	0,992	0,003	1,000	0,030	-0,046	-0,002	1,101
-38,0	-0,032	0,60059	0,025	0,992	0,003	1,000	0,029	-0,054	0,018	1,031
-37,0	-0,034	0,56381	0,025	0,992	0,004	0,995	0,029	-0,061	0,041	0,964
-36,0	-0,037	0,55011	0,024	0,992	0,004	0,995	0,029	-0,067	0,043	0,901
-35,0	-0,040	0,52285	0,024	0,992	0,003	0,995	0,029	-0,076	0,054	0,840
-34,0	-0,043	0,51110	0,023	0,991	0,003	0,995	0,029	-0,084	0,067	0,783
-33,0	-0,047	0,45898	0,022	0,991	0,004	0,995	0,029	-0,102	0,083	0,728
-32,0	-0,051	0,43708	0,022	0,992	0,004	1,000	0,029	-0,116	0,099	0,679
-31,0	-0,055	0,42943	0,021	0,993	0,004	0,995	0,029	-0,128	0,103	0,631
-30,0	-0,060	0,40511	0,020	0,993	0,004	0,995	0,028	-0,149	0,106	0,587
-29,0	-0,066	0,38393	0,019	0,993	0,003	0,995	0,027	-0,172	0,123	0,545
-28,0	-0,073	0,34696	0,019	0,993	0,004	1,000	0,027	-0,209	0,142	0,508
-27,0	-0,080	0,32784	0,018	0,993	0,003	1,000	0,027	-0,244	0,150	0,474
-26,0	-0,089	0,30962	0,017	0,993	0,003	1,000	0,026	-0,287	0,151	0,443
-25,0	-0,099	0,29208	0,016	0,993	0,003	0,995	0,025	-0,338	0,165	0,413
-24,0	-0,110	0,27555	0,015	0,993	0,002	1,000	0,024	-0,400	0,178	0,388
-23,0	-0,124	0,26085	0,014	0,993	0,002	1,000	0,023	-0,474	0,185	0,366
-22,0	-0,139	0,23554	0,013	0,993	0,003	1,000	0,023	-0,591	0,191	0,346
-21,0	-0,157	0,22196	0,012	0,993	0,002	1,000	0,021	-0,709	0,197	0,328
-20,0	-0,179	0,20103	0,011	0,993	0,003	1,000	0,019	-0,889	0,204	0,313
-19,0	-0,204	0,18591	0,010	0,993	0,003	1,000	0,017	-1,095	0,209	0,300
-18,0	-0,233	0,18252	0,009	0,993	0,002	0,995	0,015	-1,274	0,218	0,289
-17,0	-0,267	0,16680	0,008	0,993	0,002	0,995	0,014	-1,598	0,225	0,281
-16,0	-0,306	0,15018	0,007	0,993	0,002	1,000	0,014	-2,036	0,230	0,274
-15,0	-0,350	0,12766	0,006	0,994	0,002	1,000	0,014	-2,744	0,232	0,268
-14,0	-0,399	0,11840	0,006	0,994	0,001	1,000	0,013	-3,373	0,233	0,264
-13,0	-0,452	0,10268	0,005	0,994	0,002	1,000	0,014	-4,399	0,233	0,260
-12,0	-0,503	0,09189	0,004	0,994	0,001	1,000	0,012	-5,476	0,230	0,258
-11,0	-0,549	0,08105	0,003	0,994	0,001	1,000	0,010	-6,770	0,226	0,255

-10,0	-0,581	0,07117	0,002	0,994	0,001	1,000	0,009	-8,170	0,216	0,253
-9,0	-0,595	0,06077	0,001	0,994	0,001	1,000	0,014	-9,789	-0,292	0,252
-8,0	-0,584	0,05159	0,000	0,992	0,002	0,995	0,027	-11,327	0,290	0,251
-7,0	-0,547	0,04361	-0,001	0,992	0,004	0,995	0,039	-12,540	-0,001	0,249
-6,0	-0,599	0,00669	-0,003	0,992	0,007	0,994	0,992	-89,549	0,351	0,244
-5,0	-0,499	0,00607	-0,005	0,994	0,010	1,000	0,992	-82,149	0,270	0,239
-4,0	-0,390	0,00568	-0,008	0,994	0,016	1,000	0,993	-68,670	0,269	0,231
-3,0	-0,278	0,00555	-0,010	0,994	0,023	1,000	0,993	-50,039	0,268	0,215
-2,0	-0,163	0,00514	-0,012	0,993	0,030	1,000	0,993	-31,671	0,268	0,178
-1,0	-0,047	0,00365	-0,014	0,994	0,594	1,000	0,993	-12,937	0,268	-0,043
0,0	0,069	0,00313	-0,016	0,994	0,987	1,000	0,987	22,004	0,268	0,480
1,0	0,185	0,00678	-0,018	0,030	0,987	1,000	0,988	27,253	0,267	0,347
2,0	0,300	0,00744	-0,020	0,023	0,985	1,000	0,986	40,358	0,267	0,316
3,0	0,414	0,00790	-0,022	0,018	0,986	1,000	0,986	52,408	0,268	0,303
4,0	0,524	0,00852	-0,024	0,012	0,986	1,000	0,987	61,547	0,268	0,295
5,0	0,629	0,00910	-0,026	0,009	0,986	1,000	0,987	69,046	0,078	0,291
6,0	0,582	0,03942	-0,014	0,007	0,986	0,032	0,987	14,770	-3,729	0,274
7,0	0,631	0,04533	-0,014	0,005	0,987	0,026	0,988	13,928	0,263	0,273
8,0	0,655	0,05372	-0,015	0,002	0,986	0,023	0,987	12,190	0,264	0,273
9,0	0,650	0,06189	-0,015	0,002	0,986	0,016	0,987	10,497	0,263	0,272
10,0	0,621	0,07389	-0,014	0,001	0,986	0,012	0,987	8,400	0,249	0,273
11,0	0,575	0,08514	-0,015	0,001	0,986	0,010	0,987	6,748	0,233	0,275
12,0	0,519	0,09314	-0,016	0,002	0,986	0,013	0,987	5,576	0,231	0,281
13,0	0,461	0,11072	-0,017	0,001	0,986	0,013	0,987	4,163	0,237	0,286
14,0	0,405	0,12003	-0,018	0,002	0,986	0,013	0,987	3,370	0,237	0,294
15,0	0,353	0,13327	-0,018	0,002	0,986	0,013	0,987	2,647	0,236	0,302
16,0	0,307	0,16027	-0,019	0,002	0,986	0,014	0,987	1,914	0,230	0,312
17,0	0,267	0,17842	-0,020	0,002	0,986	0,015	0,987	1,495	0,227	0,325
18,0	0,232	0,19756	-0,021	0,002	0,986	0,015	0,987	1,177	0,218	0,339
19,0	0,203	0,18830	-0,022	0,003	0,986	0,018	0,987	1,079	0,207	0,358
20,0	0,178	0,20890	-0,023	0,003	0,986	0,020	0,987	0,853	0,208	0,379
21,0	0,157	0,22874	-0,024	0,002	0,986	0,021	0,987	0,686	0,204	0,402
22,0	0,139	0,23748	-0,025	0,003	0,986	0,023	0,987	0,585	0,199	0,429
23,0	0,123	0,26090	-0,026	0,003	0,986	0,024	0,987	0,473	0,203	0,457
24,0	0,110	0,28520	-0,026	0,003	0,986	0,024	0,987	0,386	0,198	0,488
25,0	0,099	0,30105	-0,027	0,003	0,986	0,026	0,987	0,328	0,188	0,522
26,0	0,089	0,32553	-0,027	0,003	0,986	0,026	0,987	0,272	0,193	0,560
27,0	0,080	0,33374	-0,028	0,003	0,987	0,026	0,988	0,240	0,190	0,599
28,0	0,073	0,36735	-0,028	0,003	0,987	0,027	0,988	0,198	0,188	0,642
29,0	0,066	0,37619	-0,029	0,004	0,987	0,027	0,988	0,176	0,188	0,686
30,0	0,060	0,40263	-0,029	0,004	0,986	0,027	0,987	0,150	0,183	0,734
31,0	0,055	0,44787	-0,030	0,003	0,986	0,028	0,987	0,123	0,187	0,785
32,0	0,051	0,46998	-0,030	0,003	0,986	0,028	0,987	0,108	0,184	0,838
33,0	0,047	0,48763	-0,030	0,003	0,987	0,028	0,988	0,096	0,172	0,893
34,0	0,043	0,51668	-0,030	0,004	0,987	0,029	0,988	0,084	0,193	0,953
35,0	0,040	0,53608	-0,030	0,003	0,986	0,028	0,987	0,075	0,194	1,011
36,0	0,037	0,57618	-0,031	0,004	0,986	0,029	0,987	0,065	0,171	1,076
37,0	0,035	0,58345	-0,031	0,004	0,986	0,029	0,987	0,059	0,178	1,141
38,0	0,032	0,62975	-0,031	0,004	0,986	0,030	0,987	0,051	0,204	1,210
39,0	0,030	0,64427	-0,031	0,003	0,986	0,030	0,987	0,047	0,218	1,276
40,0	0,028	0,69916	-0,031	0,003	0,986	0,031	0,987	0,041	0,195	1,348
41,0	0,027	0,72166	-0,031	0,004	0,986	0,031	0,987	0,037	0,257	1,420
42,0	0,025	0,74391	-0,031	0,003	0,986	0,031	0,987	0,034	0,261	1,488
43,0	0,024	0,73957	-0,031	0,003	0,986	0,033	0,987	0,032	0,188	1,565
44,0	0,022	0,72265	-0,031	0,005	0,987	0,034	0,988	0,031	0,195	1,644
45,0	0,021	0,74868	-0,031	0,005	0,987	0,035	0,988	0,028	0,301	1,722
46,0	0,020	0,77265	-0,031	0,005	0,987	0,036	0,988	0,026	2,007	1,793
47,0	0,019	0,81391	-0,028	0,005	0,550	0,037	0,551	0,024	2,204	1,692
48,0	0,018	0,83595	-0,028	0,005	0,551	0,038	0,552	0,022	0,510	1,751
49,0	0,017	0,86119	-0,027	0,006	0,551	0,038	0,552	0,020	0,544	1,810
50,0	0,017	0,87241	-0,027	0,006	0,551	0,039	0,552	0,019	0,580	1,867